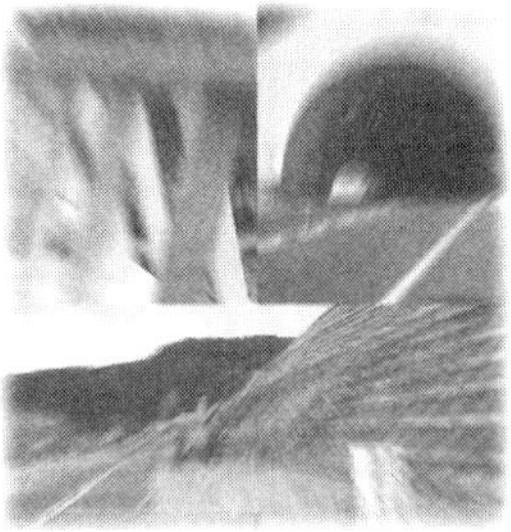

暴走を続ける公共事業

横田一 著

緑風出版

目次

暴走を続ける公共事業

暴走を続ける公共事業——目次

第三部　土建国家からの決別 173

はじめに　族議員の利権にメスを入れない小泉政権

公共事業バラマキしか芸のない自民党の族議員（抵抗勢力）が日本を財政破綻に導こうとしている――これが、小泉政権の発足以降、各地の公共事業を見て回った私の実感だ。

建設業界から献金を受け、役人に影響力を及ぼしながら公共事業を推進する族議員は、永田町の熾烈な権力闘争を勝ち抜き、各分野の利権のボスとなった人たちである。田中角栄以来の土建政治構造が体の芯まで染み込み、国民の血税をピンハネすることばかり考えている「利権政治家」と言ってもいい。彼らに共通するのは、公共事業の量を増やすこと（献金というピンハネ額が増える）には熱心だが、その質的向上（事業の無駄を省いたり環境破壊を抑えるように計画変更することなど）には不熱心ということだ。

そんな族議員が政権中枢に影響力を持ち続けていることが、国と地方で七〇〇兆円もの借金を抱えた原因に違いない。ところが「聖域なき構造改革」「自民党をぶっ壊す」と啖呵を切った小泉政権は、族議員を封じ込めることが使命にもかかわらず、彼らの利権の源「公共事業」に大鉈《おおなた》を振るっていないのだ。今では、自民党の土建政治構造が消え去ったかのような幻想をばらまく、詐欺師紛いの役割さえ果たしている有様である。

発足当初は違った。今までの脂ぎった族議員とは全く違うイメージの閣僚たち——小泉首相・竹中平蔵経済財政担当大臣・石原伸晃行革担当大臣（現在は国土交通大臣）・田中眞紀子外務大臣ら——がマスコミに登場し、構造改革について次々と語っていき、族議員との対決姿勢を打ち出してもいた。政権発足から二カ月後、改革の斬り込み隊長役の石原大臣は、道路族にこう〝宣戦布告〟をしたものだ。

「（無駄な道路を）造ることで誰かが利益を得るみたいな土建国家から決別していかなければならないのではないか。それが小泉改革です」（二〇〇一年六月二十四日の「サンデープロジェクト」）

この日のテーマは道路公団改革。族議員の声に押されて採算性の悪い高速道路を作り続けた結果、道路関係四公団が四〇兆円の借金を抱えた問題に対し、石原大臣は赤字路線の建設凍結をこう明言したのだ。

「無駄な（採算性の取れない）高速道路を造らないのが最大のポイント。中核都市を結ぶ国道が一車線で問題ならば、直轄事業として国道を二車線化するような整備を行なえばいい。高速道路の手法は止めるべきだと思います。地方も国のことを考えて要望しない」（同前）

田中康夫長野県知事の「脱・ダム宣言」に匹敵する「脱・高速道路宣言」だった。道路建設には、借金で有料の高速道路を作って料金収入で返済していく「道路公団方式（高速道路の手法）」と、税金で無料の道路を作る「税金方式（直轄事業による整備手法）」があるが、道路公団方式は採算性のいい路線に限定、必要な赤字路線は税金方式で作るというガイドラインを打ち出したのである。これを断行すれば、道路公団の莫大な借金は次第に減っていき、バカ高い高速料金も値下げできる余裕が生まれるのは言うまでもない。

ところが改革の一丁目一番地のはずの道路公団改革は、道路族の反発であえなく頓挫する。二〇〇一年十一月二十七日、小泉首相は公団の借金返済の穴埋めに使われていた国費三〇〇〇億円の投入中止を決定、翌十二月、山陰自動車道「仏経山《ぶつきょうざん》トンネル西工事」（島根県）を含む一三本の工事発注が延期されたが、島根県選出の青木幹雄・参院幹事長ら道路族が「なぜ俺のところなのか」と猛反発、一カ月後、道路公団は発注延期の解除をしてしまった。国の資金的支援を断つことで赤字路線凍結を進める狙いは、もろくも崩れさったのだ。

この仏経山トンネル事件は、道路公団改革の悪しき転換点となった。半年後に発足した民営化推進委員会が数カ月にわたり議論を交わしはしたが、第二東名をはじめ高速道路の工事凍結の決定までは踏み込まなかった。族議員の恫喝によって道路利権は温存され、「脱・高速道路宣言」はほとんど実行に移されないままお蔵入りしてしまったのである。そして斬り込み隊長役だった石原大臣は、族議員に媚を売る「政界人気タレント」や「客寄せパンダ」のごとき存在と化した。

二〇〇二年十月、補欠選挙の応援で古賀誠元幹事長と福岡県入りした石原大臣は、与党推薦候補の支持者を前に「今日は古賀先生に怒られますので道路の話はしません」と切り出した。

一年四カ月前の「脱・高速道路宣言」には全く触れずに、背広のポケットからJRのスイカのカードを取り出し、規制緩和の重要性を訴え始めたのである。電波法の規制緩和でスイカが使えるようになったという内容だったが、一兆円規模の道路利権に比べるとあまりに些細な話だった。

斜め後ろで聞いていた古賀氏は、石原大臣が道路利権とは無縁のテーマを選んだことに満足げな表情を浮かべていた。十分後、入れ替わるように登壇した古賀氏は、道路公団改革の存在さえ無視するかのように「高速道路は予定通り造ります」と言い放った。そして「悪役もうまくないと小泉首相も引き立たないでしょう」と言って、にやりと笑った。

やや引きつった感じの、しかし余裕たっぷりの古賀氏の笑顔が、「小泉改革は善玉首相と悪玉抵抗勢力の茶番劇にすぎない」という小泉政権の本質を語り尽くしていた。マスコミの前では小泉首相と族議員が派手な立ち回りを演じるが、楽屋裏に回ると両者は役者仲間に戻る。両者が手にしているのは、族議員の利権には手をつけない脚本というわけだ。

長野県の田中康夫知事と見比べても、小泉政権の駄目さ加減が浮き彫りになる。「脱・高速道路宣言」を実行しない石原大臣とは違い、田中康夫知事は「脱・ダム宣言」に沿ってダム計画を中止した。すると、ミニ族議員といえる反田中派の長野県議たちは不信任案を可決（二〇〇二年七月）、本気で田中知事を引きずり下ろそうとした。永田町の茶番劇とは違い、長野県では斬るか斬られるかの真剣勝負となったのである。本気で利権にメスを入れようとすれば、既得権者との血みどろの闘いが避けられないということである。

高速道路問題だけではない。諫早湾干拓事業（長崎県）や九州新幹線（福岡県）や泡瀬干潟《あわせひがた》埋立事業（沖縄県）やソンドゥ・ミリウ水力発電事業（ケニアのODA）などに目を向けても、族議員の利権の源「公共事業」にメスを入れない小泉政権の実態は露呈するばかりであった。必要性が乏しく環境破壊も伴う大型公共事業は、政権発足から二年たっても全く止まっていなかったのだ。

現場を回った私の結論は「自民党延命装置と化した小泉政権は百害あって一利なし」である。そして自民党が詐欺まがいの集団であることも確信した。二〇〇一年の参院選では「小泉改革を支える自民党」という〝新商品〟を売りまくって圧勝したが、その中身――建設業界から献金を受け、公共事業を推進する族議員体質――は全く変わっていないからだ。茶番劇が得意な〝自民党劇団〟に騙されてはいけない。

第一部　小泉政権が進める無駄な公共事業

第一章　小泉政権が再開させた諫早湾干拓事業

森政権末期の二〇〇一年三月、無駄な事業として有名な「諫早湾干拓事業」（農水省の土地改良事業）の工事が中断された。二カ月前に勃発した有明海のノリ不作で漁民の怒りが爆発したためだ。しかし、工事中断の翌月に発足した小泉政権は干拓事業の抜本的見直しに踏み込まないどころか、翌年の一月、武部勤農林水産大臣（北海道一二区）が干拓工事再開の命令を発した――。

諫早湾干拓事業の工事が十カ月ぶりに再開されようとしていた二〇〇二年一月八日、長崎県高来町《たかきちょう》小江《おえ》干拓地の前には、ブルトーザーを積んだトレーラーなどの工事関係車両が長い列をなしていた。だが工事現場のゲートには、防寒着で身を固めた有明海の漁民たちが夜明け前から立ちはだかり、車両の行く手を阻んでいた。彼らは「諫早湾干拓工事中止」の横断幕を悴《かじか》んだ手で握りしめ、毛糸の目出帽の上には「宝の海をかえせ！」と書いた捻りはちまきを巻きつけている。

現場責任者である諫早湾干拓事務所（農林水産省九州農政局）の職員が説得を続けても、漁民

諫早湾干拓事業の工事現場前で阻止行動をする有明海漁民

たちは引き上げる素振りを全くみせない。膠着《こうちゃく》状態が六時間以上も続いた午後二時すぎ、突然、最前列のトレーラーのエンジン音が轟いた。

「通させてもらいます！」

しびれを切らした運転手がトレーラーをゆっくりと前進させ始めたのだ。すぐに漁民たちが割り込み、車は入口ゲートから約一メートルのところで止まった。制止に入った長崎県警や干拓事務所の職員が入り乱れる中、熊本県荒尾市から駆けつけた漁民の一人、前田力さん（五十四歳）が叫んだ。「ワシは五十歳をすぎて海に出ても魚も何も居らん！　ここで死んでもよか！　これ（阻止行動）は恩返しや。代々、魚を採ってきた有明海への恩返しだっ」。

ダンプカーに体を押し付けていた長崎県島原市の中田猶喜さん（五十三歳）も、農水省の職員に大声で叫んだ。

「ウチのカミさんと網をおろしても魚が採れず、船の重油代も出ないときには涙が出たよ。これ以上、下がれないところまできたから、こういう踏ん張り方をしとる。あんた、わかるかっ！」

「諫早湾干拓事業」は、湾の約三分の一を一直線の堤防で締め切り、その内側に調整池と干拓地を造る、農水省の巨大プロジェクトだ。総工費は二四六〇億円。目的は、生産性の高い優良農地の確保と高潮などの防災である。

しかしこの干拓事業は、漁民の生活基盤である海の環境に確実に悪影響を及ぼしている。干拓事業を人体の手術に喩えて「子宮と腎臓の同時摘出を行なったようなものだ」と批判されるのだが、これは、諫早湾が有明海を回遊する魚の産卵場であると同時に、湾奥に広がる干潟に水質浄化機能（赤潮発生防止になる）があったためだ。諫早湾の面積は、有明海の十四分の一にすぎないが、海の環境保全や漁業の面で重要な役割を担っていたのである。

事実、一九八九年に干拓工事が始まると、海の〝異変〟は諫早湾内から有明海全体に広がっていった。かつて泉が湧くように魚介類が採れたことから「泉水海《せんすいかい》」と呼ばれた諫早湾では、漁民の貴重な収入源である高級二枚貝のタイラギが激減、いわゆる「ギロチン」と呼ばれた一九九七年の堤防締切り後はアサリの被害も続出した。地元・長崎県小長井町漁協組合の統計によれば、着工前の二十六年間は平均一二〇〇トン採れ続けたタイラギが、着工から四年目の一

図1　諫早湾干拓地周辺図

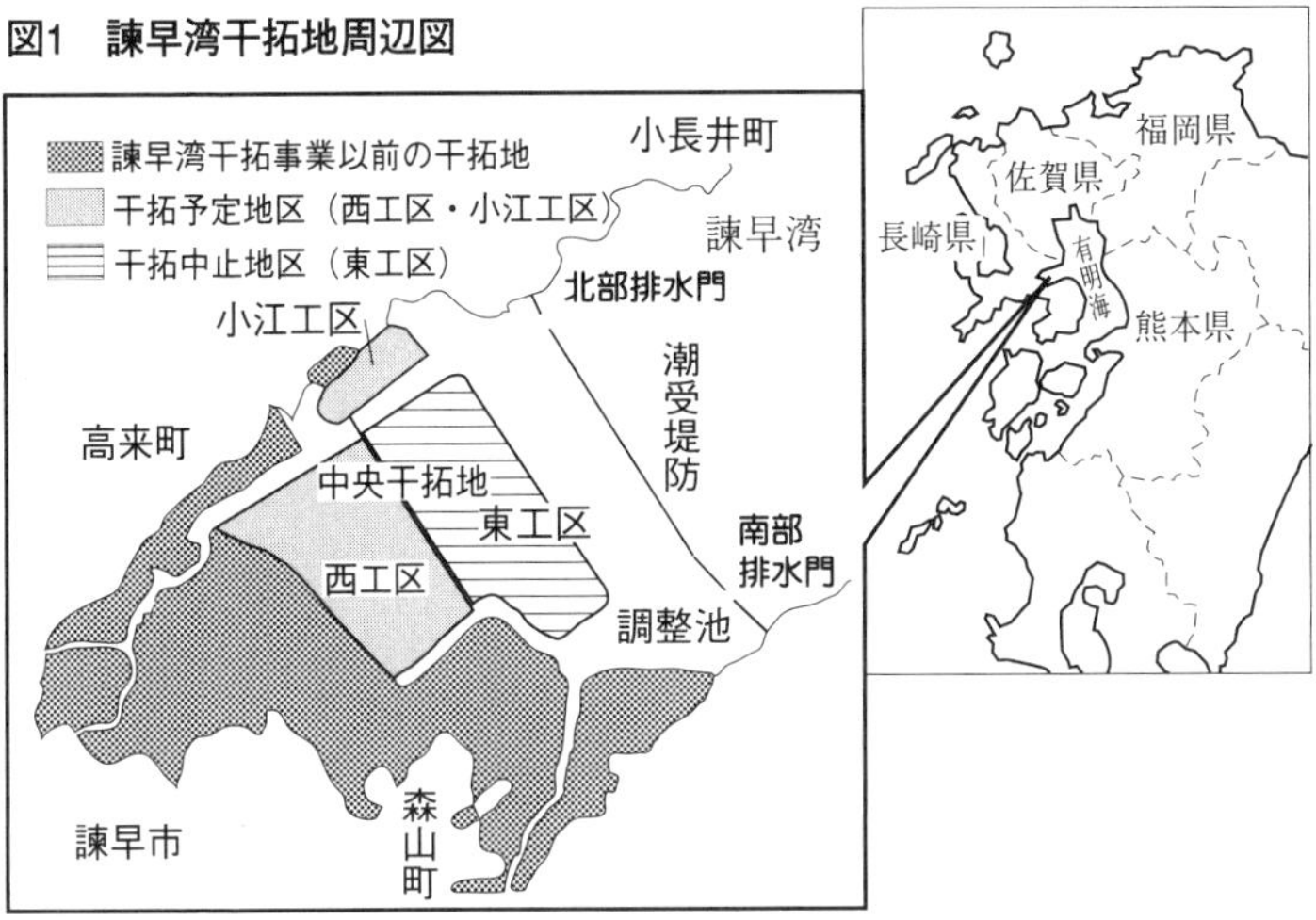

九九三年にゼロになり、今日まで十一年連続の休業状態が続いている。
　その後を追うように有明海全域でも魚や貝は減少し続け、二〇〇一年一月には赤潮発生による記録的なノリ不作が起きた。
「干拓事業が有明海に最後の一撃を加えた」と確信した漁民たちは「宝の海をかえせ！」と怒り、水門常時開放と工事中断を求めて海上デモを繰り広げ、遂には農水大臣に直訴をするまでに至る。いわゆる「ノリ不作騒動」である。
　これを受けて当時の谷津義男・農林水産大臣（森政権）は、同年三月に学識経験者と漁民から成る「第三者委員会」（正式名は「有明海ノリ不作等対策関係調査検討委員会」）を発足させた。「ノリ不作等」と「等」が入っていることからもわかるように異変はノリ業者だけでなく、貝や魚を採る漁民にも打撃を与えている。マスコミではノリ問題ばかりがクローズアップされたが、そもそも諫早湾干拓事業は有明海沿岸の多種多様な漁民にとって「死活問題」なのである。

二〇〇一年十二月十九日、第三者委員会は有明海異変に関する結論を出した。委員会の総意として東京大学名誉教授の清水誠委員長は、「諫早湾干拓事業は重要な環境要因である流動および負荷を変化させ、諫早湾のみならず有明海全体に影響を与えていることが想定される」と結論づけると同時に、水門を出来るだけ大きく長期間（数年間）にわたって開ける調査の提言を行なった。つまり干拓事業を有明海異変の原因と想定し、堤防を締め切る前の状態に戻して、回復の具合を調べるべきだと進言したのだ。

ところが直後の記者会見で農水省側は、「（提言を）最大限尊重する」と発言する一方、干拓面積を半減する「縮小案」（図1の西工区と小江工区）での干拓事業継続も強調した。この方針に対し、記者たちは首を傾げ「矛盾するのではないか」との質問が何度も飛んだ。

たしかに提言を最大限尊重して「水門の長期開放」をすれば、当然、堤防内に海水が流れ込む。その結果、調整池の淡水を農業用水として使うことが前提の干拓事業は破綻する。「提言の最大限尊重　イコール　干拓事業の凍結」なのだが、農水省は「事業と調査は別々に進める」と、両立しえない作業を最後まで主張した（小泉政権の武部農水大臣もこの方針を追認）。これは明らかな〝二枚舌〟だ。

そこで、第三者委員会を発足させた谷津・元農水大臣（森政権当時）に直に聞いてみると、こんな答えが返ってきた。「諫早湾干拓事業は、有明海の環境破壊の原因とみられているのだから、第三者委員会は調査の必要性を示したのであって、早期に水門を開き、長期の開放調査を行なうのは当然だと思います。もちろん、その間は工事は凍結すべきです。ただし台風が接近した際は水門を閉じるなどの配慮も必要です」。

まさに正論だ。「ノリ騒動勃発→第三者委員会設置→最終的な提言」という経過を振りかえれば、「数年間の工事凍結」の結論に至るのは至極当然の流れなのである。

しかし農水官僚にも武部大臣にもこの常識が通用しない。工事長期凍結のレールが敷かれたのに、事業推進のレールを勝手に敷いて暴走する農水省と小泉政権――。

しかも干拓事業は、漁場環境への悪影響のみならず、地元の漁民たちの人生を変え、かつての仲間同士の関係を引き裂いた。漁民たちの阻止行動を突破しようとした工事関係者の中には、皮肉なことに泣く泣く漁業をあきらめて建設業者に転身した元漁民がいたのだ。

●フナトたちの苦悩

冒頭の一月八日の阻止現場に戻る。

同日十時、潮受け堤防の外側に位置する小長井町。干拓工事を請け負う地元建設会社「マリンワーク」の社長室で、嵩下《だけした》正人氏（四十八歳）の携帯電話が鳴った。仕事を始めるはずだった社員から「漁民の阻止行動で現場に入れない」という一報が入ったのだ。

「いま、行く」

嵩下氏は白いヘルメットをかぶって現場に向かった。そして工事車両の最後尾に車を止め、漁民と建設業者と報道関係者がごった返す人だかりの前で、いきなり凄い剣幕でまくしたてた。

「国が決めて漁連も了解したのに、これを無視して工事をストップする。こんなバカなことが世の中で通用するのか。法治国家が滅茶苦茶になる。一年間耐えて、やっとこの日が来たんだ」

黒いトレーラーの脇には、仕事に取りかかれない社員たちがいた。その先頭に立った嵩下氏は、長崎県有明町の漁民・橋本武さん（五十六歳）と向かい合った。嵩下氏が「我々は引くわけにはいかないッ」と語気を強めて言うと、橋本氏は諭すような口調で言い返した。

「わしらは元々、フナト（漁民）じゃないか。フナトの気持ちはフナトが一番分かっとるはずや」

「俺は莫大な金を（会社に）使うとる。引くわけにはいかん」

「昨日まで工事が再開するとは知らなかった。もう少し農水省に誠意ば、持ってもらわないと」

「それは、確かに――」

腕組みをした嵩下氏がつぶやいた。怒りの色合いが急速に消えていくのがわかる。橋本氏は説得を続けた。

「農水省が誠意ば持てば、こんな問題に発展せんよ。（九三年に）タイラギが採れなくなっても

阻止現場で向かい合う建設業者の嵩下正人氏（左）と漁民の橋本武氏。かつては漁仲間だった。

原因調査に九年もかけて、結局、『干拓と関係ない』と国に逃げられてしもうたろ。あの頃、手を打っておけば、今は全然違ったはずや」

嵩下氏が少し笑い、ぽつりと言った。

「あの頃は悲しかった」

「悲しかったのは、おいも同じと」

漁業をあきらめ建設業者となった嵩下氏と、不漁に苦しみながら漁を続ける橋本氏。工事再開と阻止の立場に引き裂かれたかつての「漁仲間」が、激突寸前のところで気持ちが通じ合ったようにみえた。

この時、上空には警備用ヘリコプターの轟音が鳴り響き、路上では暖を取るためのドラム缶の焚き火がバチバチという音を立てていた。横でやりとりを聞いていた干拓事務所の職員を、橋本氏は睨み付けて言った。

「こうやってお互い農水省に振り回される。農水省が喧嘩させよっとよ」

●農水省旧構造改善局が変えた漁民の人生

ノリ騒動を契機に現地取材を始めた私が、嵩下氏を初めて知ったのは二〇〇〇年の五月。かつての漁仲間の小長井町漁業元組合長・森文義さん（五十五歳）の事務所で、十年以上前のビデオを見せてもらった時のことだ。そして嵩下氏の人生遍歴を映像を通して辿った時、農水省が諫早湾の漁民たちに対して行なってきた〝過ち〟の数々が浮き彫りになったような気がした。

ビデオは、穏やかな諫早湾内をタイラギ漁の船が走っていく場面から始まる。タイラギ漁は、海底の貝を手で採っていく「潜水器漁」だ。漁期は真冬の十二月から四月であったが、そのころは、わずか五カ月で二〇〇〇万円の水揚げになったという。「当時は中学卒業をして漁師になるのが当たり前で、高校進学して就職するよりもずっといい生活ができました。何しろ公務員の給料の百倍はかせげましたから」（森氏）

船上では、六〇キロもある潜水服を身につけた森氏が休息を取っており、その脇では黙々とタイラギの貝殻を剥く若者がいた。

「正人がいるよ！」

一緒に見ていた森氏の奥さんが、なつかしそうな声で叫んだ。この若者こそが若き日の嵩下氏であった。その後、森氏からタイラギ漁を教えてもらった嵩下氏は船を買って独立し、まさにこれからという時、目の前に諫早湾干拓事業が立ちはだかったのだ。

諫早湾干拓事業の歴史は古い。現計画のルーツである「長崎大干拓構想」（諫早湾の入口から締め切る計画）が浮上したのは、今から半世紀前の一九五二年だ。当時は戦後の食糧難時代で、平野が少ない長崎県にとって広大な水田は悲願であった。しかし漁民の反対で計画が頓挫したまま、一九七〇年一月、着工のための予算が認められずに、大干拓構想は事実上の終焉を迎える。

ところが、わずか三カ月後の一九七〇年四月、従来の干拓事業に「水資源確保」という大義名分を加え、面積も半減させた「長崎南部地域総合開発計画」が登場する。減反時代を迎えて農地造成だけでは予算がつかないので〝お色直し〟を行なったわけだが、この時も有明海の漁民が反対運動を展開、一九八二年十二月、またしても計画は挫折した。

この「南部地域総合開発計画」と入れ替わるように検討が始まり、一九八三年四月に打ち出されたのが現在の「諫早湾干拓事業」である。今度は「防災」を強調したこの計画は、干拓面積こそ湾全体の三分の一と縮小していたが、潮受け堤防はタイラギ漁場のすぐ近くだった。当然、小長井町の漁民たちは悪影響が及ぶと確信し、三度目の激しい反対運動を繰り広げたのだが、農水省と長崎県は「防災」効果を前面に押し出した。

嵩下氏は、当時をこう振り返る。

「諫早市民を助けるため、干拓事業に同意して下さい、（一九五七年に発生した）諫早大水害が二度と起こらないような形で堤防を造ります——そう言われて反対できなくなりました」

ここで注意しないといけないのは、「防災」は農水省の土地改良事業の主目的ではないことだ。しかも干拓事業が「諫早大水害」のような洪水対策に直結しないことは、一九九七年に農水省（当時の干拓事務所所長）が干拓事業をめぐる訴訟（「ムツゴロウ裁判」）の中で認めている。諫早大水害は一九五七年に市内を流れる本明川の洪水で市民が亡くなった大災害だが、その直接的な防止対策は河川の浚渫等（旧建設省の事業）であったからだ。

だが当時は「諫早市民の命を守るため」という殺し文句によって反対運動は封じ込められ、諫早湾干拓事業はついに着工に至った。「大干拓構想」から三十七年目の一九八九年のことである。

詐欺まがいの話はもう一つあった。このとき、農水省と長崎県は学識経験者らが作成した「環境アセスメント」を根拠に、「干拓事業は多少の影響はあるが、漁業は続けられる」と漁民たちに説明した。漁業補償金は組合員一人あたり平均で一五〇〇万円。タイラギ漁のたった一年分の水揚げ額程度にすぎなかったのは、あくまで「漁業は続けられる」ことが前提だったからである。

ところが被害は農水省の説明を遥かに上回った。工事が本格化して湾内を行き交う大型運搬船がヘドロを巻き上げ始めると、採れ続けるはずのタイラギは激減していき、着工から四年目

小長井町側から見た潮受け堤防（21頁の図1参照）。高級二枚貝のタイラギやアサリなど諫早湾内の漁獲高は激減した。

の一九九三年には漁獲ゼロとなってしまった。「多少の影響」というのは真っ赤な嘘だったのだ。

「話が違う」と漁民たちは怒り、血気盛んな小長井町漁協青年部は、一九九三年一月、海上封鎖など抗議行動を行なった。だが、この動きに対し農水省は逆に損害賠償の警告を発し、漁協は腰砕けとなった。結局、「今後、阻止行動はしない代わりに、組合員の雇用を図るよう努める」という内容の覚書が、漁協と農水省と長崎県の間で結ばれ、漁民たちの多くは泣く泣く生活のために建設業への転身を余儀なくされた。

翌年、陸に上った嵩下氏は干拓工事の現場で重機の運転をしていた。

「あんだけ干拓事業に反対していた俺が、なんで石を並べて堤防を造る仕事をしないといけないのか。石を一つ入れれば、海の生態系を壊すのは分かっているのに」と自問自答しながらである。

二年後、嵩下氏は地元の若い漁師と建設会社を設立した。工事が終わった後は、再び諫早湾で仲間と一緒に漁をしたい思いもあった。

ところが干拓工事の受注も徐々に増えていった二〇〇一年二月、今度はノリ業者らを含む有明海漁民の抗議行動によって干拓工事が中断してしまう。それでも現地入りした松岡利勝農水副大臣（当時）が「工事は三月二十八日までに再開させる」と発言したのを信じた嵩下氏は、自宅待機させていたアルバイトを正社員としたが、工事は一向に再開されず、すぐに半数の社員をリストラせざるを得なかった。

五カ月後の七月、嵩下氏ら地元建設業者は福岡県と佐賀県のノリ業者に損害賠償を求める裁判を起こした。同氏がやるせない思いを吐露する。

「俺たちは十年間、諫早湾内の漁業被害を訴えてきたのに無視された。ところがノリ業者はたった一年の被害に抗議したら工事が止まった。日本は『法の下の平等』をうたう法治国家なのか。泣く泣く建設業者となった我々の生活はどうなるのか……」

諫早湾干拓事業は、嵩下氏の人生を変えた。断腸の思いで漁業を断念させ、建設業への転身を余儀なくさせた。漁場という生活基盤を破壊され、漁民としての生存権を奪われたあげく、今度は、事業を阻止しようとする漁民たちと対峙する最前線に立つことになったのだ。

●「旧構造改善局」という破壊集団

これほどマイナス面が大きい諫早湾干拓事業をゴリ押ししているのは、農水省旧構造改善局（現・農村振興局）である。技術系の官僚である「技官」が多いことから「技官王国」と呼ばれ、また農水省の主要ポストを同局出身者が占めることでも有名なエリート局だ。

そんな旧構造改善局の力の源こそが、旧運輸省や旧通産省全体の予算をも上回る年間一兆円にも達する「農業土木予算」なのだ。「何でも出来る農業土木（土地改良事業）」と揶揄《やゆ》されるように、彼らの所管する「土地改良事業」は、農業用水を引っ張ってくる「潅漑排水事業」、農地を整形・拡大する「圃場整備」、干拓などの「農地造成」、そして農道建設や農業空港や農業用ダムという具合に、多岐にわたる。そして土地改良事業の目的は、「農業の生産性向上や食糧の安定供給」などである。諫早湾干拓事業は、この土地改良事業の一種なのであり、現在の主目的になっている「防災」は副次的なものにすぎない。

ここで不可解なことに気がつく。何と旧構造改善局は「食糧の安定供給」が目的にある土地改良事業費を使って、魚介類の宝庫だった諫早湾の環境を破壊した可能性が高いのだ。こんな支離滅裂な干拓事業を推進する農水省の原動力は、一体、何なのか。

東京都内の民間企業の会議室。元農水省事務系官僚は、ホワイトボードに土地改良事業の不可解さを図示した後、農水官僚の行動原理について端的に語った。
「農水官僚の最大関心事は天下りです。農業土木事業（土地改良事業）を通して工事受注先のゼネコンなど天下り先に恩を売り、退職後、法外な年収や退職金として回収していくのです。事業見直しを訴える改革派は窓際に追いやられ、結局、声の大きい守旧派が出世する。農水省の自己改革はまず不可能です」

簡単に言えば、公共事業の私物化である。農業土木事業は国民全体のためというより、ごく一部の農水官僚のためというわけだ。諫早湾干拓事業も例外ではなかった。

表1をご覧いただきたい。これは、農水省旧構造改善局（本省）および干拓事業を担当する九州農政局（地方出先機関）から、諫早湾干拓事業を落札したゼネコンに天下った官僚リスト（一部）である。また、落札額が一〇億円以上のゼネコンには、各社あたり六～一〇名の農水官僚が天下っている。また、九州農政局出身の官僚はゼネコンの九州支店に天下るという地域的な傾向もみられる。工事の発注をする地方農政局の農水官僚が、同じ地域内で工事受注をするゼネコンに迎え入れられているのだ。現役時代に干拓事業を推進したことや予定価格をリークしたことへの見返りとしか思えないではないか。

さらに生々しい証言もある。「干拓事業見直し」を訴えてきた前出の森文義氏は、「一九九六年頃、九州農政局の諫早湾干拓事務所立花貴所長（九三年十二月～九六年三月）から買収工作を受けた」と証言する。所長室で二人だけになった時、立花所長は次のように話かけてきたという

表1　諫早湾干拓事業落札業者への天下り農水官僚（一部）

落札額の順位（92～96年）	建設会社名	干拓事業落札額（億円）	農水官僚天下り数	天下り先での役職	農水官僚の名前	退官時の所属先
1	鹿島建設株式会社	60.7	6	営業第二本部次長兼農林水産部次長	田仲喜一郎	九州農政局
				九州支店営業部担当部長	片渕泰	九州農政局
				常務取締役	平井公雄	構造改善局
2	五洋建設株式会社	59.8	7	九州支店土木営業部部長	稲富德光	九州農政局
3	りんかい建設株式会社	32.8	9	顧問	内村典夫	九州農政局
				九州支店熊本営業所営業部長	林盛夫	九州農政局
4	東亜建設工業株式会社	22.5	6	支店部長	丸山善武	九州農政局
				支店部長	芳野貞幸	九州農政局
4	日産建設株式会社	22.5	6	九州支店営業部長	中園平介	九州農政局
6	大成建設株式会社	18.8	6	九州支店熊本営業所営業部長	富江一	九州農政局
6	三幸建設工業株式会社	18.8	6	九州支店次長	林忠一	九州農政局
8	株式会社栗本鐵工所	17.4	6	九州支店顧問	渓崎静夫	九州農政局
				取締役技師長	吉田良和	構造改善局
9	佐伯建設工業株式会社	16.8	7	取締役営業部長	湯浅満之	九州農政局
				営業本部付（四国支店駐在）	白浜和之	九州農政局
10	株式会社大本組	15.3	7	九州支店熊本営業所長	坂元勝行	九州農政局
11	株式会社大林組	14.4	10	非常勤顧問	堀直治	構造改善局
				九州支店営業第二部担当部長	今東香	九州農政局

土地改良建設協会ほか編「全国農業土木技術者名簿」平成8年版などをもとに独自に作成したもの。肩書きは当時。

のだ。

「あなたのことをゼネコン一〇社が『技術顧問として受け入れたい』と言っている。月に七〇万円ではどうか。この場ですぐに答えて欲しい」

森氏は買収工作を拒否した。だが魚介類の激減で森氏の海産物加工会社は、借金二億円を残して休業。それでも干拓事業の仕事は断り続けた森氏は、畑違いの化学メーカーの営業マンとなって出稼ぎ生活に入った。タイラギ漁が盛んだった頃に建てた豪邸、通称「タイラギ御殿」は競売にかけられることになった。二〇〇二年一月八日の阻止行動の当日、森氏が「昔は納税者だったよ。それなのに、あんたらが漁業被害はたいしたことはないと嘘を言って」と農水省の職員に食ってかかったのはこのためだ。

地獄に突き落とされて裸一貫になった森氏とは対照的に、買収を持ちかけたとされる立花所長は干拓事業の落札業者である「勝村建設」に迎えられた。役職は「常務執行役員」だった。立花氏だけではない。後任の田村亭所長（九六年四月～九七年十一月）も、同じく落札業者の「五洋建設」に天下った。世間のリストラの嵐などどこ吹く風、二人ともゼネコンの重役として第二の人生を歩み始めたのである。

なお立花氏に話を聞こうと「勝村建設」に取材申し込みをしたが、「立花氏は不在」という状態が続き、農水省に買収工作の事実を聞いても「そうした事実は確認できなかった」（広報担当）という回答。ただ今でも森氏は「立花氏と一緒に国会で証言してもいい」と意気込んでいる。

●「費用対効果」の作り方

農水省旧構造改善局が諫早湾干拓事業に固執する理由は「天下り」だけではない。技官（技術系官僚）の専門技術への「過信」も、原動力のようだ。前出の農水官僚OBは、ある日、同僚の技官に「豊かな諫早湾に干拓事業は本当に必要なのか」と疑問をぶつけたことがあった。技官はこう答えたという。

「一流の干拓技術は、いまや世界にオランダと日本しかない。八郎潟から始まった干拓技術を伝承するためには、諫早湾干拓事業を推進すべきなのだ！」

戦後の食糧不足時代には、干拓技術は優良農地を生み出す「打ち手の小槌」であった。しかし減反時代を迎えた後は農地の需要は減少、逆に転用が目立つようになった。それは諫早でも同様だ。

例えば、干拓資料館や水族館がある「干拓の里」（諫早市）は、広々とした諫早平野のど真ん中にある。諫早市役所の干拓室に聞くと、「一〇ヘクタールの水田を転用にしました」との回答。思わず、「優良農地を転用するすぐ隣で、莫大な国費を投じて優良農地を造っているのですか」と突っ込んだが、「諫早市は諫早市、国は国。干拓事業は国営事業ですから」（干拓室）。そこからは、税金の無駄を減らそうという意識は全く伝わってこなかった。

また諫早市の隣の森山町では、大型店進出計画が浮上していた。予定地は農地だった。森山町議で農業も営む西村清貴氏（五十三歳）が「干拓事業は排水不良対策などの防災効果はあるが、農地造成の必要性まで言うつもりはない」と語るのは、こうした事情による。

農地造成の重要性の低下は、干拓事業の「費用対効果」の面からも明らかである。実は、農水省の土地改良事業は「費用対効果が一・〇以上（効果が費用を上回る）でなければならない」と法律で定められている。当然、諫早湾干拓事業の場合も、総事業費の「費用」よりも、発生する「効果」が大きいことが求められる。そして事業の主目的は、優良農地造成と防災であるから、その効果も大別して「農地造成効果」と「防災効果」になる。

費用＝事業費
効果＝農地造成効果＋防災効果

そこで表2をご覧いただきたい。八六年には全体の四八・四％（六七〇億円）を占めた「農地造成効果」の比率は、九九年には三八・八％（一〇〇四億円）に下がり、二〇〇一年秋の縮小案（農水省が干拓事業の工事再開にあたり免罪符的に採用）では造成する干拓地が二分の一になるため、さらに二四・一％（五〇二億円）にまで落ち込んだ。農地造成効果だけならば、費用対効果は大幅に低下したはずだ。

表2　諫早湾干拓事業の「費用対効果」(2001年の「費用対効果」「効果」は推定値)

	費用対効果	(換算)事業費	効果	農地造成効果率	防災効果率
1986年	1.03	1350億円	1385億円	48.4％	47.5％
1999年	1.01	2560億円	2588億円	38.8％	58.8％
2001年	0.82	2529億円	2086億円	24.1％	72.9％

そこで農水官僚は、一・〇を切らないように「防災」効果で〝穴埋め〟したのである。実際、防災効果の比率は四七・五％(六五八億円)から七二・九％(一五二二億円)に増加している。脇役のはずの防災が、落ちぶれた農地造成の代役を見事に果たしたのである。

しかしこの際、デッチ上げまがいのことも行なわれた。干拓事業推進には「諫早市民を守るため」という殺し文句が使われたが、諫早大水害を経験し「菅直人さん　あんまりだ」(『文藝春秋』九七年八月号)で防災効果を訴えた吉次邦夫・諫早市長でさえ、私の質問に対し「諫早大水害のような洪水の防災対策になるかは専門家じゃないのでわからない」と認めたのだ。

防災の次は、環境である。

今回の縮小案では農地が半減した。農地造成効果も半分になり、費用対効果は「〇・八二」に落ち込む計算になる。その穴埋めに農水省は、環境に目をつけたようだ。縮小案の説明図には、水質浄化機能を持つらしい植物群を水辺に植えたイラストが四枚もあった。諫早湾の環境を破壊したとされる農水省が、今度は環境を掲げながら事業推進に励むということではないか。前出の農水官僚OBは「これも常套手段」と教えてくれた。

「次々と〝効果〟を作り、水増ししていくのは農水官僚の常套手段です。たとえばダムを造った場合、ダム湖が住民の〝憩いの場〟として利用されると想定し、『農村環境保全効果』の『保険休養機能向上効果』と新しくカウントします」

●地元の人々こそ主役

農水省旧構造改善局の暴走は止まることを知らない。たとえ漁場環境に悪影響を与えようが、説得力の乏しい「費用対効果」を作ってでも干拓事業に邁進するのは、農水官僚にとって自己実現の手段（天下り確保と専門技術実践の場）になっているからに他ならない。当初であれば『プロジェクトX――挑戦者たち』（ＮＨＫ）に登場できたのかも知れないが、半世紀もの間に、第一次産業のための税金を使って漁民を苦しめた「極悪非道の破壊集団」と化した。

諫早湾干拓事業の選択肢は二つある。旧構造改善局の暴走を放置するか、それとも構造改革のメスを入れるのか、だ。

第一の道は、農水官僚の責任追及なき、公共事業のバラマキ路線である。実は、すでに現地では「環境」に名を借りた場当たり的な事業が始まろうとしている。たとえば、小長井町では「導流堤計画」なる構想が浮上している。調整池内の水質悪化した〝毒水〟を、影響が少ない方向に導く堤防を新たに建設するものだ。この事業は同時に建設業に転身した元漁民への雇用対策の意味もある。環境を破壊しておいて、再び環境回復にカネをばらまく「一粒で二度おいしい」やり方だが、水門を長期開放して干潟の浄化機能が回復すれば、水質は改善され、導流堤は無用の長物となるのは言うまでもない。

やはり進むべきは、旧構想改善局の暴走を止める二番目の道だ。

まずは第三者委員会の提言に沿って工事凍結と水門長期開放を始める。また事業推進を強行した農水官僚の責任追及と、漁業被害に対する補償も同時に行ない、さらには漁業が再び出来るような漁場再生事業も実施していく。その際、地元建設業者への優先発注も考慮する必要があるだろう。嵩下氏と対峙した橋本氏は、こんな提案をしていた。

「漁民も建設業者の元漁民も膝をつきあわせ話し合い、お互い生活ができるような事業にすればいい」

森山町の西村町議（農家）は「第三者委員会」に参考人として出席、干拓事業の防災効果を訴えた。西村さんは地元の論客として干拓事業を評価する発言を繰り返しているが、それは森山町がこれまで苦しんできた干拓農地の排水不良・塩害などに対し、一定の効果はあったからだ。

しかし、防災は基本的には国土交通省の管轄であり、しかも干拓事業は唯一の防災対策ではない。排水ポンプ設置や既存堤防強化などの代替手段によって、干拓事業なみの防災効果を確保するのは可能だろう。このことは西村町議も理解できるとしており、「いろいろな立場の住民が同じテーブルにつき、意見をぶつける場が必要だ」と代替案を模索する〝地元円卓会議〟に期待をかける。もちろん漁民と元漁民の建設業者と農民ら地域住民が合意する代替案づくりとその実施には、かなりの費用が必要だろう。しかし旧構造改善局の莫大な農業土木予算を削減、その予算を地方に委譲して問題解決を任せれば、きっと新しい答えは出てくるに違いない。これこそ、国会議員が乗り出して解決すべき問題である。

翌一月九日、夜明け前の凍てつく路上で有明海の漁民たちが座りこみをしていた。ゲート前の青いシートに座っているのは一〇名ほど。福岡県から大型バスで急遽駆けつけたノリ業者が主体だった。しかし半日もたたないうちに、阻止現場とは別の入り口から車両が入り、干拓工事は再開された。翌週、ノリ生産の真っ最中ということなどから有明海の漁民たちは阻止行動を中止した。

農水省旧構造改善局は、「聖域なき構造改革」を掲げた小泉政権が誕生した後も、いまだに暴走を続けている。小泉首相は農業土木事業の聖域にメスを入れる姿勢は全く見られないのだ。

第二章　九州新幹線は古賀誠元幹事長の〝我田引鉄〟

「是非、船小屋《ふなごや》駅を作って下さいと訴えています」（設置促進期成会会長の桑野照史筑後市長）。

抵抗勢力のドン・古賀誠元幹事長（福岡七区＝大牟田市や筑後市や瀬高町など四市一一町村）の地元で、とんでもない新幹線計画が進んでいる。二〇〇一年の春、石原慎太郎・東京都知事が「不良債権」「採算があうはずがない」「一握りの政治家の利益誘導」と酷評した九州新幹線のことだ。

現在、博多〜大牟田間の予定駅は「博多」、「新鳥栖」、「久留米」、「新大牟田」の四駅。このうち新大牟田駅（大牟田市）は、古賀氏の選挙区である福岡七区内にある。

さらに、二〇〇二年五月に発足した「船小屋駅設置促進期成会」が、同じく福岡七区内に「船小屋駅」（筑後市）の設置を要望しているのだ。この「促進期成会」の「顧問」が古賀氏であり、準備会の時から会合に参加するなど積極的に駅設置を推し進めている。つまり自分の選挙区に「新大牟田駅」と「船小屋駅」の二つの新幹線駅を作れというのだ。地元では、「船小屋駅の建設はほぼ決まった」というのが大方の見方だ。

この船小屋駅が決定すれば、博多～大牟田間の僅か七〇キロ足らずの間に五駅も設置されることになる。ちなみに駅の平均間隔は山陽新幹線が「三四・六キロ」であるのに対し、この間の九州新幹線は約半分の「一七・三キロ」。中でも「鳥栖～久留米」間は七キロにすぎず、各駅停車でも七分で着く。「最高速度に達する前にブレーキをかけるはず」「各駅停車並み」と揶揄されるのはこのためで、スピードが売りの新幹線を作る意味など全くない。

なぜ、これほど無駄な建設計画がまかり通っているのか。この謎を解くべく予定地周辺を回ると、何と地元住民も呆れかえっていた。鹿児島本線（博多～鹿児島）で隣合わせた中年男性は「これから熊本まで行くのですが、特急が何本も走っているので在来線だけで十分。九州新幹線は無駄な公共事業の典型です」と言い切った。たしかに博多からは熊本行の「特急有明」や西鹿児島行の「特急つばめ」が二十分から三十分間隔で出ており、利便性は抜群であった。

古賀氏の地元事務所がある大牟田市の商店主にも話を聞くと、「新幹線の新駅は在来線の大牟田駅から離れた辺鄙《へんぴ》なところに出来ます。在来線の特急が間引かれるのも確実で、逆に街が寂れてしまう。いまの日本の財政状況を考えても凍結すべきです」と首を傾げた。

地元の市議も否定的だった。「熊本より南は人口が少なく、今でも特急は空席だらけです。博多と鹿児島間が一時間二十分に短縮されても、すでに航空便や格安の高速バスがあり、乗客はたかが知れている。大赤字は確実です」。

どこかで聞いたようなケースだと思わないだろうか。車よりも熊の方が〝通行量〟が多いと

図2　九州新幹線鹿児島ルートの概要図

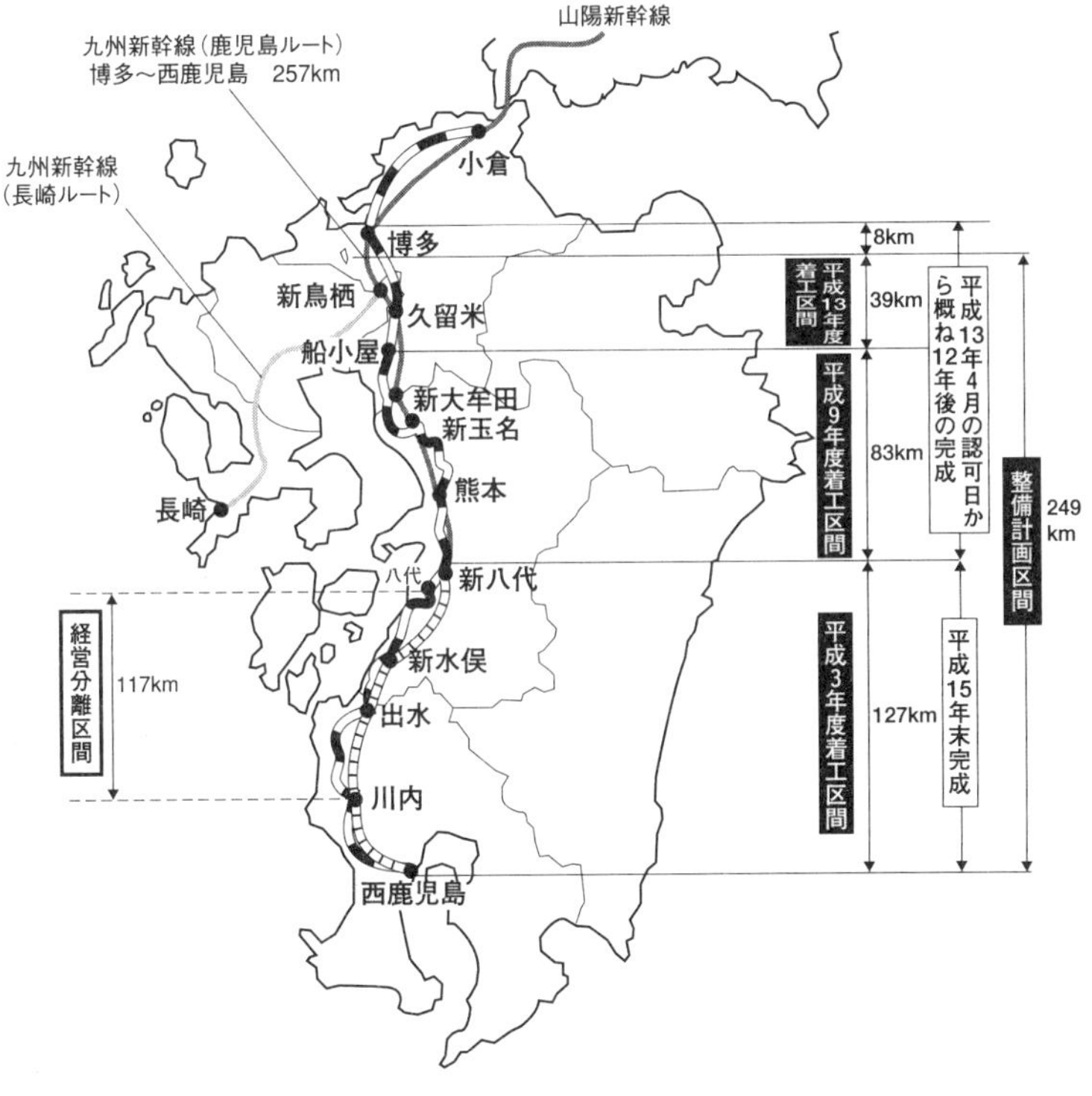
山陽新幹線
九州新幹線（鹿児島ルート）
博多～西鹿児島　257km
九州新幹線
（長崎ルート）
小倉
博多
新鳥栖
久留米
船小屋
新大牟田
新玉名
熊本
長崎
八代
新八代
新水俣
出水
川内
西鹿児島
8km
平成13年度着工区間
39km
平成9年度着工区間
83km
平成13年4月の認可日から概ね12年後の完成
平成3年度着工区間
127km
平成15年末完成
整備計画区間
249km
経営分離区間
117km

揶揄《やゆ》された北海道の高速道路のことだ。北海道の十勝平野には、片側二車線の立派な国道に並行して、日本一交通量が少ない高速道路「北海道横断自動車道」（十勝清水～池田）が開通、さらに鈴木宗男衆院議員の出身地「足寄町」に延びようとしている。通称〝ムネオ道路〟である。

一方、福岡県でも特急が頻繁に走る在来線に並行して、九州新幹線が建設中だ。予定地は古賀氏の地元を通る。どちらも我田引水的な政治路線に違いない。

この九州新幹線の総事業費は博多～鹿児島間で約一兆四〇〇〇億円。これに「時間短縮効果は僅か」と批判される「長崎新幹線」（新鳥栖～長崎）の約四〇〇〇億円を加えると、一兆八〇〇〇億円にも及ぶ。建設凍結すべき高速道路の筆頭格「第二東名」に勝るとも劣らない。

●新幹線できっと得する人々

この九州新幹線について古賀氏は「自然体の推進派」と主張している。だが地元記者は「その熱意は相当なものです」と指摘し、二〇〇〇年十一月十八日の「新幹線建設促進久留米大会」をこう振り返った。

「あの時は『加藤紘一の乱』の真っ最中で、『永田町があの騒動では党務に忙しくて、今週末は地元に戻って来ないだろう』と見ていたら、古賀氏が予定通り現われ、正直驚きました。会場には新幹線特需に期待する建設業者が勢ぞろいしており、その業者との約束を古賀氏は律儀に

九州新幹線の高田トンネル（福岡県高田町）の工事現場

守ったのです」

　そんな熱意が実ったのか、促進大会から七カ月後の二〇〇一年六月二日、九州新幹線「博多〜船小屋間」の起工式が福岡県久留米市で行なわれ、十二年後の開通を目指すことになった（工事は着工されたが、船小屋駅の設置は現段階では未定）。「聖域なき構造改革」を掲げる小泉政権が一カ月ほど前に発足していたが、新幹線計画が見直されることはなかったのだ。こうして地元には新幹線特需が期待通り到来し、今でも工事は着々と進んでいるのである。

　工事現場にも足を運んでみた。大牟田市に隣接する高田町上楠田《かみくすだ》に向かい、鹿児島本線から二キロほど内陸側に入ると、里山の斜面にトンネルの入口が開いていた。九州新幹線「高田トンネル」の建設現場だった。パワーシャベルの脇を通ってトンネル入口に立つと、暗闇の先に出口の光が見える。近くには「大成・福田・柿原組のＪＶ」と書いた看板があった。このうち「柿原組」が古賀氏に献金をしていた。

反対側の入口に足を運ぶと、今度は「高田田尻橋梁　若築・佐藤・勝村・尋木《たずのき》ＪＶ」の看板が目に入った。古賀氏に献金していたのは「若築建設」と「尋木建設」。山の斜面のトンネル口まで登って振返れば、青々とした田んぼの中を工事現場が一直線に伸びていた。その先は「瀬高町」。古賀氏が生まれ、青少年時代を過ごした町だ。

新幹線予定駅の一つ久留米駅にも立ち寄った。駅前には「九州新幹線」の建設推進を訴える看板があり、近くには八階建てのホテルが立っていた。このホテルの経営者は自民党地元議員で「地元では『新幹線男』と呼ばれるほど熱心な推進派」（久留米市議）なのだという。建設業界の関係者は駅前開発の図面を広げ、こう補足してくれた。

「新幹線建設とセットで久留米駅前開発が進むことになっていますが、自民党地元議員のホテルも開発予定地に入っています」

現地を回ると、九州新幹線で利益を得るであろう人々が目に浮かんできた。予定地の地主、工事をする建設業者、そして献金を受ける政治家である。先の地元記者はこう語る。

「古賀氏の主な支持基盤は建設業者と漁民と農民ですが、最近は諫早湾干拓中止を求める漁民を抑え込もうとするなど、建設業者重視の姿勢に変わってきています。『建設業者の金で首相になるつもりか。次は応援しない』と漁民が怒るのはこのためで、次の選挙で漁民票はあまり期待できません。つまり、建設業者の票の重要性が増しているのです」

実際、古賀氏は建設業者から多額の献金を受けていた。新幹線落札業者（一三社で一一四七万円）だけではない。有明海の環境に打撃を与える「諫早湾干拓事業」の落札業者一五社からは一一二九〇万円（六年間分、表3）、有明海再生のためとされる「砂撒き事業」の業者四社からも二六九万円という具合である。干拓事業で儲け、壊れた海を直してまた稼ぐ「一粒で二度おいしい話」だ。結局、こうした献金業者のために古賀氏は、九州新幹線など無駄な大型公共事業を推進しているのではないか。古賀氏に直に聞いてみた。

●古賀誠元幹事長の言い分

――新幹線工事の請負業者から政治献金を受けていますが。

古賀氏「はい（不機嫌な口調）」

――柿原組、若築建設などですね。

古賀氏「はい（不機嫌な口調）」

――「政治献金のために新幹線を推進しているのでは」と話す方もいますが、どうお考えですか。

古賀氏「まあ、それは、いろいろな見方ですから。私はそういうこと（献金の見返りに事業を推進）は考えたことはありませんし、政治活動を支えていただくことと新幹線推進は絡める話ではないと私自身は思っております」

――自民党地元議員が経営する久留米駅前のホテルは、新幹線関連の駅前開発の予定地に入っています。系列議員のために新幹線推進をしているとも思えます。

古賀氏「他の議員のことはわかりませんし、一切答えられません。（久留米市が地盤のこの議員とは）選挙区が違いますし、今まで故・古賀正浩先生（福岡六区）を支援していただいた方です」

――設置予定駅として「博多・新鳥栖・久留米・新大牟田」があり、設置促進期成会が出来た「船小屋」を入れると五駅になりますが、すべて必要とお考えでしょうか。

古賀氏「私自身が筑後の県南出身で、この新船小屋の駅を設置したいという期成会（四市一一町二村の市町村長らが会員）が出来ております。地元にとって高速道路と同じで整備新幹線も駅が出来ませんと地域の町づくりが出来ないわけですから、その地域にどういう二一世紀のビジョンがあるのか、ということで駅が決まるだろうと思っております」

――「在来線の特急停車駅と新幹線の駅の間隔が変わらない。在来線で十分」という声も地元で聞きました。

古賀氏「新幹線はやっぱり駅が必要なのではないでしょうか」

――スピードアップが目的の新幹線が在来線の特急と同じでは、必要性が乏しいのではないですか。

表3　古賀誠衆議院議員への諫早湾干拓事業受注企業の献金（単位：円）

※「古賀誠越後誠嵐会」（古賀議員の資金管理団体）と「自民党福岡県第七選挙区支部」（支部長は古賀議員）への寄付

企業名	1995年	1996年		1997年		1998年	1999年		2000年	合計
	管理団体	管理団体	選挙区支部	管理団体	選挙区支部	管理団体	管理団体	選挙区支部	選挙区支部	
大成ジオテック（株）	360,000	360,000		360,000		240,000	240,000		570,000	2,130,000
開成協業（株）	240,000	240,000			240,000			240,000	480,000	1,440,000
五洋建設（株）		250,000		250,000		240,000	240,000		250,000	1,230,000
（株）栗本鐵工所	240,000	240,000				240,000	240,000		240,000	1,200,000
（株）大本組						600,000	500,000			1,100,000
アジア航測（株）	240,000	120,000		120,000			500,000			980,000
ミゾタ（株）			240,000		240,000			240,000	240,000	960,000
清水建設（株）		120,000		240,000		240,000	240,000			840,000
大豊建設（株）				240,000		120,000	120,000			720,000
三井建設（株）	120,000	120,000		120,000		60,000	80,000		240,000	620,000
（株）鴻池組				240,000		120,000	120,000		120,000	600,000
（株）テクノ						120,000	120,000		120,000	480,000
若築建設（株）							240,000			240,000
東洋建設（株）									240,000	240,000
（株）奥村組							120,000			120,000
（小計）		1,450,000	240,000	1,570,000	480,000		2,760,000	480,000		
合計	1,200,000	1,690,000		2,050,000		1,980,000	3,240,000		2,740,000	12,900,000

各年政治資金収支報告（福岡県公報掲載）を基に小沢和秋衆院議員（共産党九州ブロック）作成

古賀氏「新幹線の全駅にすべての車両が止まるというものではなくて、ＪＲが自ずから採算性を考えて決めることで、ＪＲ東海もＪＲ西日本も全部そういう形で作るわけですから」

――「新幹線が出来ると、在来線の特急が間引きされる」という声も地元で聞きましたが。

古賀氏「いろいろなご意見があるのは事実でしょうけれども、船小屋を入れて五駅という希望が多いと認識しております」

――二〇〇〇年の「建設促進久留米大会」で挨拶をされていますが、どのような話を？

古賀氏「この段階では船小屋から博多間がまだ計画路線で、建設促進をしたいという大会だったと認識しております。

私は整備新幹線についてはいつも三つのことをお話しします。一つは、整備新幹線は安全、時間が正確、大量輸送、しかも環境に優しい。一番いい二一世紀の高速交通ネットワークと考えております。特に九州新幹線鹿児島ルートは、北陸や東北ルートと比較しても、費用対効果、採算性から言っても一番優れている。これが二番目。もう一点は、全線開通を望む地元の熱い思いを真摯に受け止めていきたいというお話をしました」

――費用対効果もよく、採算も取れる根拠を示す資料は、どこが作った資料ですか。

古賀氏「私は資料とかを見て演説はしません。いつも私の感じとして話をしております」

――「感じ」ですか。具体的な根拠となる資料は、ご覧になったことはないのですか。

古賀氏「以前、私が運輸大臣の時に、はじいたものはあるでしょうけれども……。だから優位性は三ルートの中で一番高かった記憶はあるのですけれども、具体的な資料に基づいて演説したわけではありません」

正直言って唖然とした。九州新幹線の事業費は、長崎ルートを除いても一兆四〇〇〇億円である。その投資に見合う効果があるのかを「感じ」で判断しているのだという。唯一、記憶があるのは運輸大臣時代（一九九六年十一月発足の橋本第二次内閣）の資料とのことだが、それは七年も前の話である。この程度の根拠でゴーサインが出た九州新幹線を、なぜ小泉政権は聖域にしたままなのか。これでは族議員の利益誘導を野放しにしているといわれても仕方がないだろう。

●九州新幹線の新駅候補周辺で土地転売

インタビューが終わろうとしていた時、それまで淡々と答えていた古賀氏が急に語気を荒げた。有明海漁民から聞いた噂を最後にぶつけた時のことだ。

――船小屋周辺で買い占め疑惑、土地を先行投資して買ったと聞いたのですが。

古賀氏「そういうことがあれば、いつでも説明いたします。ここで、こういう具体的な話があったとか（語気を強める）、もし本当にそういう人がいたら出して下さい。それと証拠も出して下さい。私は有権者の皆様の信頼を得て政治活動を続けていきますから、事実関係をちゃんと調べて下さい」

しかし先行取得していた土地は確かに存在していた（次頁写真）。そして新駅候補地周辺の土地を転売する一方、生まれ故郷「瀬高町」一帯を交通の要所として開発する構想にも関わっていた。九州新幹線は、我田引水的な公共事業バラマキの疑いがあるのだ。

「新幹線の新駅候補になった船小屋駅（福岡県筑後市）は、古賀誠議員が生まれた瀬高町のすぐ近くで、『誠ステーション』と地元で呼ばれています」（筑後市民）

博多駅から鹿児島本線で五十分ほど行くと、各駅停車しか止まらない「船小屋駅」に着く。周囲は田んぼが広がり、駅前には自転車置場と駐車場があるだけの無人駅。一日の乗客数は五〇〇人で、隣の特急停車駅「羽犬塚駅」の十分の一にすぎない。

なぜ、こんな駅が九州新幹線の新駅候補となったのか。

地図（図3）をみてみよう。船小屋駅は筑後市と言っても、古賀氏が生まれた瀬高町まで僅か五〇〇メートル。しかも、その新駅から約四キロのところに自らの豪邸を建設もしていた。約二〇〇平方メートルの敷地に建つ古賀邸は、床面積が約一八〇平方メートルで建設費は約三〇〇〇万円。当初はインターネット・室外機・エアークリーナー・エレベーターが付く予定だったが、宗男問題が起きて床面積も建設費も大幅圧縮したのだという。

また豪邸のすぐ近くには、古賀氏が一九九二年七月十四日に一億八七〇〇万円で購入し、九

船小屋駅近くで古賀誠氏が先行取得し、転売した土地の登記簿。1億5000万円の抵当権が設定されている。

【　甲　　区　】（所有権に関する事項）				
【順位番号】	【登記の目的】	【受付年月日・受付番号】	【原　　因】	【権利者その他の事項】
1	所有権移転	平成４年７月２２日 第７２０８号	平成４年７月１４日売買	所有者　大牟田市浜町１番地の１１[redacted]号 古　賀　誠 順位８番の登記を移記
	余白	余白	余白	昭和６３年法務省令第３７号附則第２条第２項の規定により移記 平成５年７月２２日
2	所有権移転	平成７年３月１０日 第２５７６号	平成７年３月１０日売買	所有者　山門郡瀬高町大字上庄[redacted]番地[redacted]株　式　会　社

＊　下線のあるものは抹消事項であることを示す。　　　整理番号　Ｄ０３３５８　（　１／１　）　　１／３

福岡県山門郡瀬高町大字上庄６５０−３　　　全部事項証明書　　（土地）

【順位番号】	【登記の目的】	【受付年月日・受付番号】	【原　　因】	【権利者その他の事項】
				平成５年７月２２日
3	１番根抵当権抹消	平成７年３月１０日 第２５７４号	平成７年３月１０日解除	余白
4	２番仮登記抹消	平成７年３月１０日 第２５７５号	平成７年３月１０日解除	余白
5	根抵当権設定	平成７年５月２５日 第５２４４号	平成７年５月２５日設定	極度額　金１億５０００万円 債権の範囲　銀行取引　手形債権　小切手債権 債務者　山門郡瀬高町大字上庄[redacted]番地[redacted]株　式　会　社 根抵当権者　福岡市中央区天神二丁目１３番１号 株　式　会　社　福　岡　銀　行 （取扱店　瀬高支店）
付記１号	５番根抵当権担保追加	余白	余白	共同担保　目録(え)第２５６５号 平成７年８月１８日付記

五年三月十日に包装会社（福岡県瀬高町）に転売した四〇〇〇平方メートルの宅地（瀬高町上庄）もあった。登記簿を見ると、土地は主に二つの地番（二〇四〇平方メートルと一八六〇平方メートル）から成り、合計で二億五〇〇〇万円（一億五〇〇〇万円と一億円）の抵当権が福岡銀行によって設定されていた。単純に読めば、包装会社は二億五〇〇〇万円の融資を受けて土地を購入、売った側の古賀議員は約六〇〇〇万円の売却益を得たことになる。相場以上で転売し売却益を得たと読め、「新幹線新駅が出来て値上がり確実だ」などと地価上昇を示唆した土地転売の疑いがあるのだ。（注1）

地元住民が「誠ステーション」と呼ぶのは、他にも理由がある。

二〇〇一年十月八日、古賀氏は筑後市周辺の市町村長と共に「船小屋駅設置促進期成会」の準備会に出席した。これを受けて桑野照史筑後市長を会長とする期成会が正式に発足し、すぐに古賀氏は顧問となった。

だが、この動きに「なぜ船小屋駅なのか」と地元の筑後市民が反発し、市議会でも疑問が噴出した。すぐに見直しを求める住民団体「羽犬塚駅推進協議会」も誕生し、署名運動を始めると、わずか一週間で三八〇〇名も集まった。推進協幹部はこう語る。

「船小屋駅に新駅が出来たら、市民にとって『悪魔の新幹線』になります。騒音を撒き散らす迷惑施設が出来た上、在来線の特急も激減し、羽犬塚駅前の商店街が寂れてしまうのは確実です。筑後市商工会の主催の講演で、猪瀬直樹さんも厳しく批判していました。九州新幹線は線

図3　船小屋駅周辺

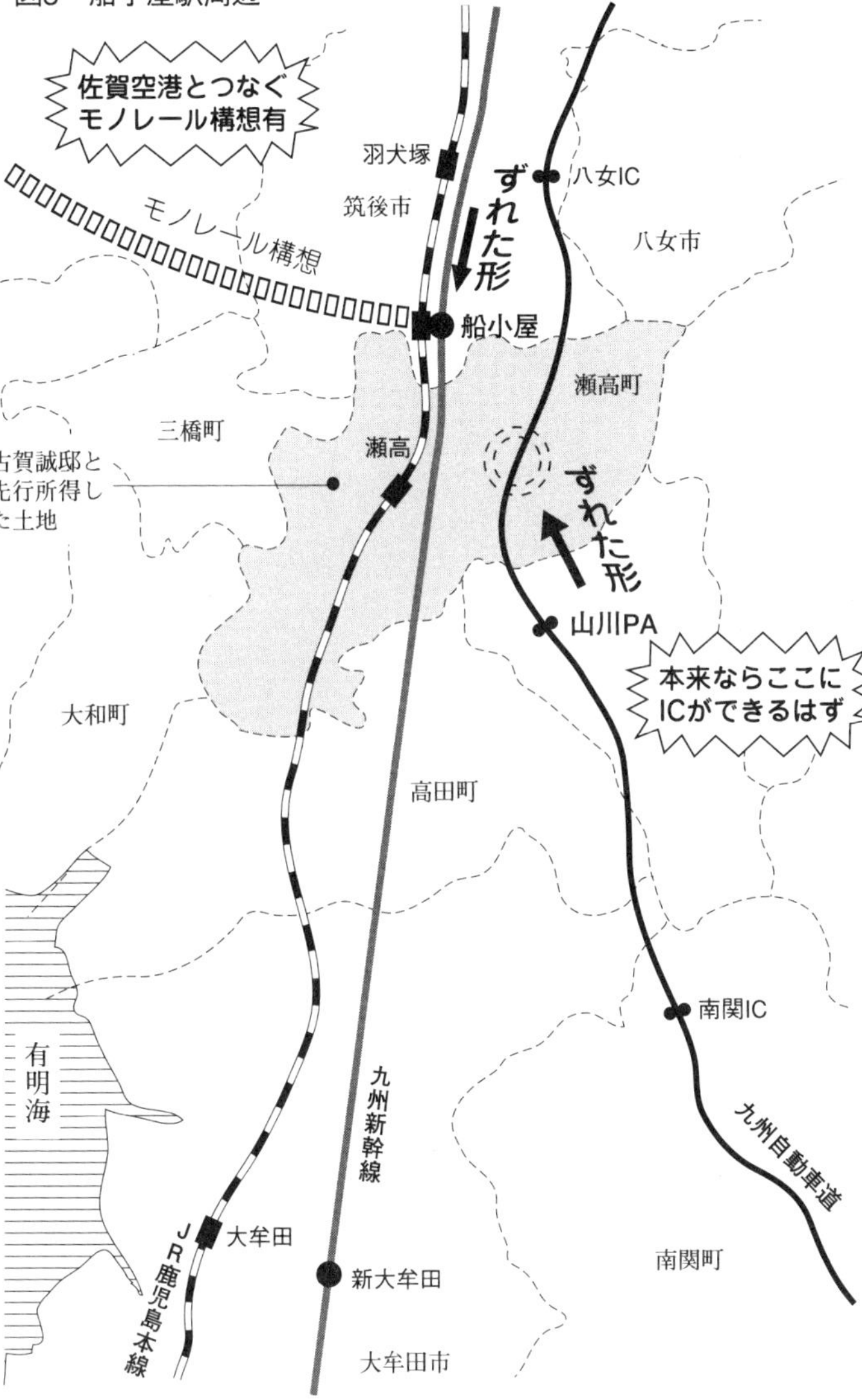
佐賀空港とつなぐ
モノレール構想有
羽犬塚
モノレール構想
筑後市
ずれた形
八女IC
八女市
船小屋
瀬高町
三橋町
瀬高
古賀誠邸と
先行所得し
た土地
ずれた形
山川PA
本来ならここに
ICができるはず
大和町
高田町
有明海
九州新幹線
南関IC
九州自動車道
大牟田
JR鹿児島本線
新大牟田
南関町
大牟田市

路を新設する『フル規格』よりも、在来線を利用する『秋田新幹線方式』の方が安上がりで、たかが数十分程度の時間短縮のためにフル規格にしても、それに見合う経済効果があるとは思えない、と。地元住民も、既存の駅も有効利用でき、費用も少なくて済む秋田新幹線方式を望んでいます」

二〇〇一年十二月十七日、署名集めをした推進協議会は桑野市長と直談判。詰め寄る推進協幹部に対し市長は「新幹線の新駅はすでに二年前に大きな流れで船小屋に決まっているので、市長の力ではどうにもならない」と弁明したという。

桑野市長に確認してみた。

――「大きな流れで船小屋駅に決まっている」と発言したと複数の人から聞いたが。

「推進協に対し、そういう趣旨の発言はしたと思う。馬場前市長は『新駅候補地は決まっていない』と公言していたが、私が新市長になって上京して国土交通省の局長と古賀誠議員に会うと、既に船小屋駅の流れができていたことが分かった」

――ということは、大きな流れを作ったのは古賀誠議員のことになる。上京した時に、古賀議員は何と言ったのか。

「そんなことを聞いてどうするのか。地価も安く周辺市町村の合意が得られる船小屋駅ではないと、筑後市に新駅が出来る可能性はまずないのだ」

と桑野市長は語気を荒げるだけであった。

●「地域づくり」に乗じて故郷に〝誠王国〟建設

しかし、この市長発言は古賀氏の言い分と明らかに食い違う。私のインタビューに対し、古賀氏は「新駅の位置選定は、筑後市長がお考えになって決めていただくこと」と答えていたからだ。結局、表向きは地元市長の意向と言いながら、水面下では古賀氏と国交省の間で船小屋駅が既成事実化しているのではないか。

古賀氏は、こうも語っていた。

「駅が出来ませんと地域の町づくりが出来ない。その地域がどういう二一世紀のビジョンがあるのかで駅が決まる。（中略）県の事業の公園の位置ですとか、四市一一町二村の全体的なアクセスで自ずから決まるもの」

現地を回ると、古賀氏の言うことがよく分かった。

まず船小屋駅の北側では、福岡県最大の公園「県営筑後広域公園整備」（約一九〇ヘクタール）がすでに始まっていた。筑後市と瀬高町にまたがる形の公園予定地では、田圃の隣の広大な敷地をブルドーザーが造成していた。「新幹線に乗って、わざわざ公園に来る人がどれだけいるのか」という住民の声をよそに、である。

また船小屋駅の西側に回ると、広大な土地（五万平方メートル）が新駅設置による値上がりを待っていた。この土地を所有する地元農協の「JA福岡八女」は、二〇〇一年の夏、約一二〇の一戸建て分譲計画を一時凍結したのだが、牛島登組合長は「もう少し状況を見極めたい」として新駅開発による公共用地売却や高層化を睨んでの措置であると語っていたからだ（〇一年十一月二十一日付『読売新聞』）。坪一〇万円の地価上昇とすると、新駅設置効果は一五億円にもなる。ちなみに農家は古賀氏の支持基盤の一つである。(注2)

さらに瀬高町周辺の自治体がメンバーの「次世代の地域づくり協議会」という団体が発足していた。「二一世紀のビジョン」と古賀氏が強調したのは、この協議会を思い浮かべていたに違いない。この協議会の会長は古賀氏の昔からの後援者である中川嵩・三橋町長で、同じく協議会の旗振り役の「聖マリア病院」（久留米市、井手道雄理事長）も古賀氏に献金していたことがある支持者で、しかも瀬高町に医療系の大学進出も表明していた。そして大学進出と連動して、瀬高インターチェンジとそのアクセス道路の整備を要望していた。

新幹線新駅を起爆剤に故郷一帯を開発する構想が浮上してくるではないか。瀬高町のすぐ先に「誠ステーション」を設置し、北側には福岡県最大の公園を造り、また瀬高インターチェンジとそのアクセス道路となる「四四三号線バイパス」も整備し、さらには「聖マリア病院」の大学も町内に誘致する――全ての道は瀬高町に通じるかのような〝古賀誠王国〟が建設中なのだ。しかし納税者には「地域づくり」の美名に乗じた公共事業のバラマキとしか映らないのではないか。

●インターチェンジは道路族への論功行賞か？

実は、船小屋駅設置既成会の準備会が開かれた二〇〇一年十月十八日、「瀬高インターチェンジ」（福岡県瀬高町）の総決起集会も地元で開かれていた。古賀誠議員は自らの懐刀で〝道路至上主義者〟の大石久石道路局長（当時）と出席し、互いの密接ぶりを物語るように隣同士に座った。

この瀬高インターチェンジは、「八女インターチェンジ」（福岡県八女市）と「南関インターチェンジ」（熊本県南関町）が離れているため新設しようというもので、船小屋駅から約四キロのところが候補地である。

また瀬高インターチェンジのアクセス道路となる「四四三号線バイパス」にも、新幹線新駅設置と同じように期成会が出来ており、古賀氏は顧問を務めていた。しかも「聖マリア病院」や関係市町村長らがこのバイパス道路の整備を陳情すると、古賀氏は「地元負担の心配はあまりない」と太鼓判を押し、これに連動するかのように国交省側からは地元負担の少ない「地域活性化インターチェンジ」を提示されたという。

地元の住民は首を傾げていた。

「南関ＩＣと八女ＩＣの間は距離が離れていてドライバーには不便でしたが、ほぼ中間地点に

『山川パーキングエリア』があり、ここをインターチェンジにするのが自然です」

しかし実際には、「八女ＩＣ」側にずれる形で「瀬高ＩＣ」が候補地になっている。

久留米大学の大矢野栄次教授（経済学部）も疑問視していた。「既存の『山川パーキングエリア』をインターチェンジにした方が安上がり。瀬高ＩＣは我田引水的な位置選定といわれても仕方がないでしょう。古賀議員は『地元負担は心配しなくていい』と言っているようですが、不適切な位置選定によるコスト高を税金で穴埋めしようとする話です」。

瀬高インターチェンジは、古賀氏と大石局長の癒着の産物ではないのか。古賀氏が「高速道路は予定通り造ります」と繰り返す論功行賞として、国土交通省がインターチェンジ建設の地元負担を少なくするというわけだ。

古賀氏へのプレゼントと思える公共事業は他にもある。福岡県久留米市から八女郡上陽町に向かって車で約三十分。細い山道を抜けて行くと、突然、巨大なアーチ状の「朧《おぼろ》大橋」が現われる。この橋の開通式にも古賀議員と大石局長は一緒に出席。行政関係者はこう語る。

「橋が出来たのは古賀誠先生のおかげと地元は感謝しています。最初は『誠橋』にしようという案もありましたが、あまりに露骨なので、『愛と誠橋』と呼ぶことになりました」

しかし橋を渡った先はすぐに行き止まり。橋の直前の道路は立派だが、途中は細い山道が続くため、交通量は非常に少ない。それでも、この橋の建設と付近の道路の改良に要した事業費は七九億円。このうち国土交通省から三四億円の補助金から拠出された。

地元で「愛と誠橋」と呼ばれている朧大橋（福岡県上陽町）。国土交通省から古賀誠氏への〝プレゼント〟と疑われても仕方がないだろう。

上陽町は古賀氏の選挙区（福岡七区）にあり、工事の請負業者である「（株）建設技術センター」と「（株）富士ピーエス」は古賀氏に献金していた。族議員に対する利益誘導は、一体、いつまで続くのだろうか。

（注1）転売について

包装会社のM社長の家は、古賀誠議員の実家のすぐ隣。M社長に土地購入について聞くと、「亡くなった先代の社長が買ったようなので、私には正確な価格も経緯も分からない。二億円も出してはいない。ほぼ相場だったと思う。（登記簿には二億五〇〇〇万円の抵当権がついていることに関しては）抵当権が地価よりも高く設定されることはバブル期には日常茶飯事。先代の社長も私も古賀先生の支持者ではなく、たまたま近くなので買ったのではないか」と答えた。

現場に行くと、包装会社の敷地に「五百坪賃貸」の看板があった。土地を買ったはいいが、有効利用しているとは見えなかった。しかも土地の相場を地元で聞くと、古賀議員が購入した九二年で約一億円、バブル崩壊で地価下落が続いた九五年には一億円を切ったのは確実という。つまり包装会社は相場の倍以上、一億円以上の高値で土地を買ったと登記簿からは読めるのだ。

土地購入代金も不可解だった。当時の新聞記事（一九九三年十二月二十七日付『朝日新聞』）によると、土地購入代金は、手持ちの五〇〇〇万円、親類に出してもらった四五〇〇万円と定期預金の一億二〇〇〇万円が元手。うち定期預金については「一九八〇年に初当選して以来、議員歳費をやりくりして一億円預金した」と古賀氏は説明していた。

議員歳費は約二〇〇〇万円であるから、一年生議員の一九八〇年から土地購入した一九九二年の十二年間で年間平均八〇〇万円、歳費の半分近くを貯金に回していたことになる。『人間古賀誠　政界花と龍』（大下栄治著）には、こんなエピソードがある。

〈古賀議員が初当選した頃には、同期生とマージャンをする軍資金に事欠き、田中六助議員にもらった。三年後の八四年十二月中旬には、若手議員の資金不足を補う『餅代』のリストを田中議員から要求されたこともあった〉

前出の記事は、「自民党の場合、日常の政治活動をしていれば、たいていは火の車だ。歳費から預金できるとは信じがたい」（ある自民党代議士）というコメントを紹介した上で、「古賀氏は、自民党建設部会長、衆院建設委員長を歴任するなど建設族の一人」と締めくくっていた。

この土地転売疑惑について、私が登記簿を揃った時点で古賀氏に再度説明を求めたが、「（二〇〇二年十月の）補欠選挙で時間が取れない」（古賀事務所）。しかし補欠選挙が終わった後も、取材拒否の状態が続いた。

（注2）古賀氏の経歴と農民票と建設業界票へのシフトについて

古賀氏が福岡県瀬高町で生まれたのは、一九四〇年。幼少時代を過ごしたのは福岡県の筑豊地帯だ。しかし四歳のときに戦争で父を亡くし、有明海に近い父の実家に母親とともに身を寄せた。母親が行商を始めると、小学生の古賀少年も新聞配達で家計を助けたという。高校卒業と同時に大阪で一年間の丁稚奉公をして、日大商学部に入学したのを契機に、地元選出の鬼丸勝之参議院議員を頼って政治の世界に足を踏み入れた。

秘書として十四年間勤め上げ、衆議院議員の初当選は一九八〇年、三十九歳と遅かった。しかし建設族として頭角を現わし、運輸大臣、党総務局長、国対委員長、幹事長と要職を歴任し、今では党道路調査会長になり、首相候補の呼び声もかかるようになった。

そんな古賀氏の支持基盤は主に建設業者と漁民と農民である。しかし諫早湾干拓工事中止を求める地元の有明海漁民に対し、古賀事務所の藤丸敏秘書が「有明海再生法案も通りませんよ。古賀先生に頼めなくなりますよ」と言い放つなど反対運動を抑えようとしたため、少なからぬ漁民が離れていった。「古賀先生は建設業者の方を向いてしまった。もう応援しない」「建設業者の金で首相になるつもりなのか」という声まで出たほどだ。その結果、相対的に建設業者と農民票も依存度が増している。

二〇〇二年十月の福岡六区の補欠選挙では、農家の政治団体である「農政連」は「野中・古賀ラインのダミー候補」と言われた荒巻隆三候補（父親の荒巻禎一前京都府知事は野中広務元幹事長と知人）を推薦した。地元新聞の政策アンケートをみると、有明海再生の問いに対し諫早干拓事業の見直しではなく大規模な覆砂事業を訴えていたのは、荒巻候補だけだった。建設業界票にシフトした古賀氏の立場とぴったり一致した。

第三章　尾身幸次・沖縄担当大臣が指南した泡瀬干潟埋立

沖縄市長選を二週間後に控えた二〇〇二年四月六日、沖縄市内のホテルで東部海浜開発事業の工事再開を祝う会が開かれた。会場には、建設業者や商工会幹部や行政関係者ら四〇〇人が駆けつけ、開始早々、「美《ちゅ》ら島を創る市民の会」会長代行の西田健次郎氏（沖縄市長選選対本部長）が挨拶に立った。

「（東部海浜開発は）尾身幸次・沖縄担当大臣（当時）たちが『聖域なき構造改革』の中で、本当はやらなくてもいいと思っていた事業。その事業を再開することになった（我々の）努力が、市長選でおかしくなると元の木阿弥です。ですから絶対に勝ち抜く」

那覇空港から車で北に小一時間ほど走ると、那覇市につぐ人口・約一二万六〇〇〇人の「沖縄市」に着く。市の約三分の一を嘉手納飛行場などの米軍基地に取られている沖縄市は基地の街として有名だが、一方でエキゾチックな市街地にライブハウスや沖縄民謡酒場などが立ち並ぶ音楽文化の街でもある。「那覇が東京なら沖縄市は大阪。ここは沖縄音楽の発祥地です」と地

広々とした泡瀬干拓は、住民にとってかけがえのない存在。
「沖縄の宝」と言われることもある。

元文化人が胸を張るのはこのためだ。

そんな沖縄市の東側に広がるのが「沖縄で奇跡的に残った」と言われる泡瀬《あわせ》干潟だ。干潮時には遠浅の干潟が一キロ以上先まで姿を現わし、そこには貝やタコやアオサなど多種多様な海の生き物がいきづいている。「貝拾いで生計の助けにしているおばあさんもいますし、モズクの養殖や定置網漁も盛んです。三月が一番の見頃かな。アオサの緑で覆い尽くされるのですよ」と話すのは、十年前に泡瀬干潟に魅せられて住み着いたOさん。青い網袋に貝を詰めて戻ってくる干潟散策が日課のOさんは、近所で「貝取り名人」と呼ばれ、「この貝は何？」と聞いてくる子供たちに「これはアサリ」「これはサルボウ」と教えるのが楽しみだという。

しかも沖縄で最大規模を誇る泡瀬干潟は、渡り鳥が餌を取りながら翼を休める飛来地点の役割も果たし、周囲の藻場はジュゴンの餌場にもなっている。「泡瀬干潟は海のゆりかご　子々孫々の代まで残そう」「泡瀬干潟は沖縄の宝」と言われるのは、地域住民にとっても種々の生き物にとってもかけがえのない存在であるためだ。

しかし驚くべきことに、この泡瀬干潟を埋め立てる「東部海浜開発事業」（事業費は約五〇〇億円）が進んでいる。事業主体の国（沖縄開発庁総合事務局）と沖縄県が七年かけて埋め立てを行ない、その後、沖縄県と沖縄市と民間事業者が道路や上下水道や施設建設などのインフラ整備をする計画が具体化していたのだ。キャッチフレーズは「マリンシティ泡瀬」で、一八五ヘクタールにも及ぶ広大な埋立地を「国際交流リゾート」と「海洋性レクレーション」と「情報・教育・文化」の拠点にすべく、ホテルや交流施設やマリーナや研究施設などを建設するという大型プロジェクトである（図4）。

まさに「バブル時代の海洋版リゾート開発」という趣の埋立計画だが、環境破壊を確実にもたらすことに加え、小泉政権の土建政治体質をズバリ物語る側面もあわせもっていた。建設業者から献金を受けた尾身幸次・沖縄担当大臣（当時、衆議院議員・群馬一区）が推進運動を指南し、中谷元防衛庁長官（当時、衆議院議員・高知二区）の父親がオーナーの「大旺建設」（本社は高知県）が工事を落札していたからである。

当初、この埋立計画は沖縄市の単独事業であったが、財政上の理由から頓挫した。しかし隣

図4　泡瀬干潟埋立計画

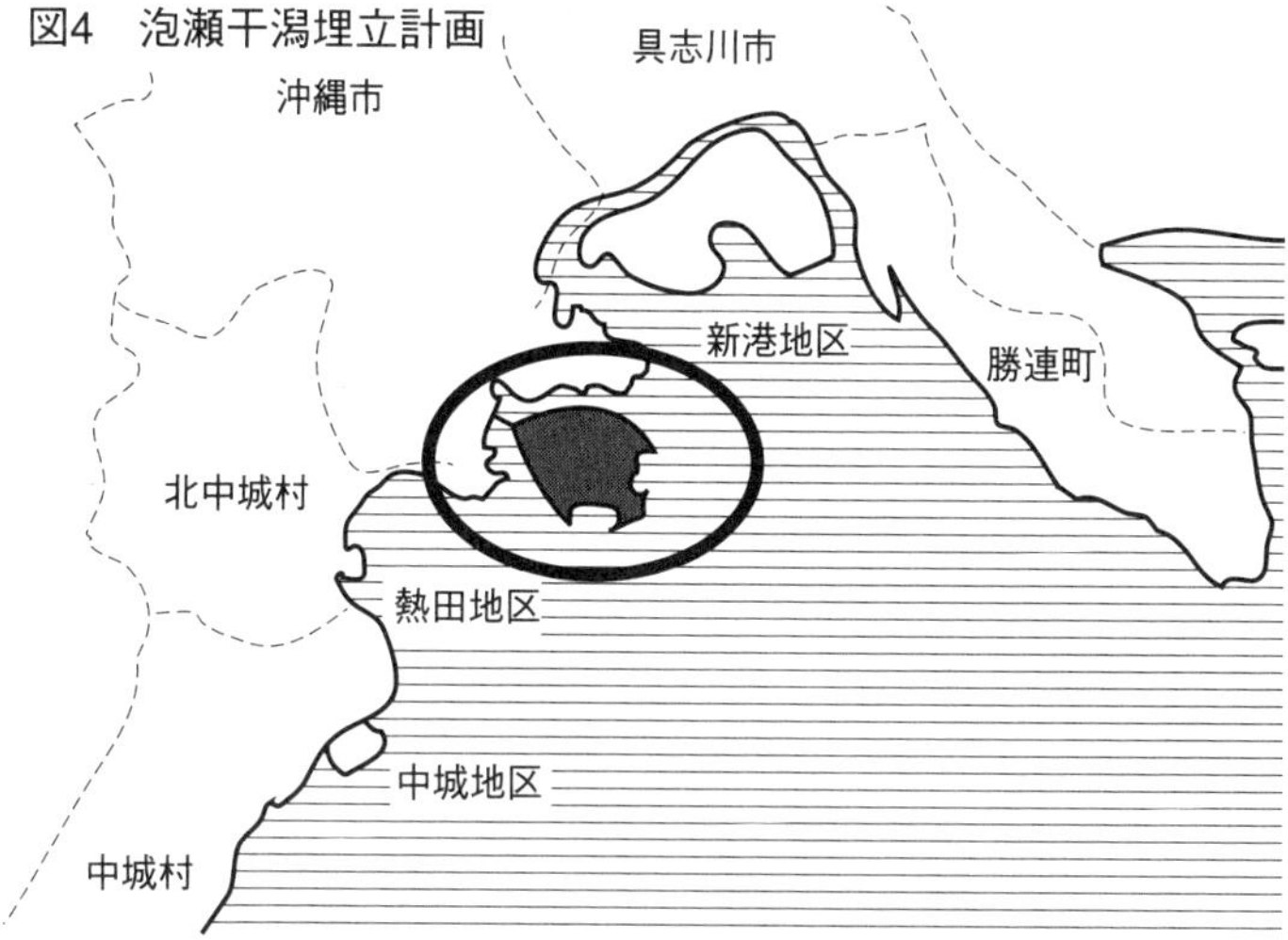

泡瀬埋め立て地域と新港地区（国資料より）

接する工業用の埋立地が自由貿易地域に指定され、大型船の航路浚渫で出てくる土砂を利用する案になって計画が復活、二〇〇〇年十二月に埋立が承認された。

ところが翌二〇〇一年の夏に本格着工という直前に、地元新聞が「ホテル計画　バブル期数値が根拠」と埋立地の利用計画の杜撰さを指摘した（二〇〇一年六月十七日付の『沖縄タイムス』）。実際、推進派の仲宗根正和市長（自民党系）は「沖縄市は基地があって広い土地は確保できないため、東海岸に開発地を求めざるを得ない。市合併以来の悲願で、ホテルや公共施設を建て若者の職場を造っていく夢のプロジェクトです」と訴えてはいたが、肝心要の立地希望のホテルはゼロであった。ホテル需要が確定しない水増し計画であることが露呈したのだ。

また「絶滅危惧種の貴重な海藻クビレミドロを守れ」といった干潟保護を求める声も広がり、さらに野党の国会議員が「住民の七割が埋立反対」「貴重な干潟」などと国会で追及したことから、小泉政権発足から三カ月後の二〇〇一年八月、事業は凍結された。

●署名運動を指南した尾身幸次沖縄担当大臣

ホテル需要予測の水増し、そして環境破壊の懸念と続けば、小泉政権が「聖域なき構造改革」の一つとして完全に中止してもおかしくない事業だった。ところが尾身大臣は、逆に事業推進の旗振り役を買って出た。事業凍結から二カ月後の十月二十六日、工事再開の陳情で上京した推進派に対し尾身大臣は「七割の市民が反対していると野党議員が質問して困っている。国費を投入するのに地元が迷惑だという事業ならやりませんよ」と言いつつ、推進派が始めた署名集めにこんなエールを送ったのだ。

「（署名集めの）市民運動は意思表示であり、行政が事業を進める最大の背景になる。五万人といわず最大限の努力をしてほしい。着工するには少なくとも市民の過半数（六万人強）は必要だ」（二〇〇一年十月二十六日付と十一月二十日付の『琉球新報』）

大臣直々の指南を受けた推進派が、一気に活気づいたのは言うまでもない。小泉政権の現役閣僚が事業着工のための必要条件を具体的に示してくれたからだ。

すぐに署名の目標は沖縄市民の過半数を超える七万人に上方修正され、「目標達成のためにはどんなことでもやろう」というかけ声の下、泊り込み態勢での作業が始まった。冒頭の「美ら島を創る市民の会」（比屋根清一会長）はこの署名運動の活動母体だったが、ここから建設業界や商工会議所などに協力依頼が発せられた。商工会のミーティングでは「赤ちゃんでもいいから署名をかき集めて来い！」という檄が職員に飛び、推進派の市議会議員（二八名）はノルマを達成すべく個別訪問を繰り返した。市内最大の建設会社「仲本工業」は、社員だけでなく下請けや出入り業者にも署名用紙を配布し、一社で三〇〇〇人分を集めた。こうした団体や業界や議員の努力の結果、推進署名は目標の七万を超え、八万六〇〇〇にも達したのだ。赤ちゃんまで含めた全市民の七割弱、三人に二人が署名したという驚異的な数字だった。

二カ月後の十二月十九日、推進派は集めた署名をダンボール八箱に詰めて上京、尾身大臣に目標達成を報告すると、「尾身大臣は『市民の熱意は分かった』と労をねぎらってくれました」（商工会議所幹部）という。

それから二カ月後の二〇〇二年二月二十六日、尾身大臣は「環境問題はめどが立ち、地元の政治態勢も整っている」と記者会見で語り、事業再開のゴーサインを出した。環境問題については「埋立予定地の国の藻場の移植実験はおおむね順調」と環境監視検討委員会が評価し、土地利用計画についても県と市が見直しをしたことから、他のハードルもクリヤーしたと判断したのだ。

これを受けて開かれたのが冒頭の工事再開のお祝い会だったのである。ホテルの大広間では「署名運動各団体実績報告」が配られていた。各団体名と目標数（ノルマ）と実際に集めた数が書き込まれた一覧表で、お互いの努力を称えあうために役立つ資料であった。ちなみに上位三位は、沖縄市会議員（二万二五一四）、沖縄市建設業者会（一万六〇九六）、西田健次郎後援会（一万四五八）であった。

この工事再開に対し埋立反対派や住民投票派は、「民意に逆行」と反発した。この間、住民投票の実現を求めてきた内間秀太郎市議は、こう批判する。

「埋立推進派は『住民投票は市議会や間接民主主義の否定になる』と言って拒否し続けてきましたが、推進署名は直接民主主義の一種です。彼らの拠り所である間接民主主義を自ら否定したことになる。それなら堂々と住民投票をすればいい。推進署名が水増しでないなら、推進派の圧勝は確実でしょう」

沖縄市議会が住民投票条例を再度否決した二〇〇二年二月六日、傍聴席に詰め掛けた市民から「住民投票をさせろ！」というヤジが飛んだ。埋立推進派の市議会議員は、振り向きざまに「住民投票はやらない。やったら負けるから、死んでもやらん」と言い返した。

これでは「推進署名は水増し」と住民投票派が確信するのは無理もない。また地元を回ると、「水増し説」に合致する話をいくつも耳にした。

「各方面から回ってきたので、少なくとも三回は署名しました。本音は埋立反対なのですが、職場内では断りづらいので署名をしました。ただ普段は、沖縄の自然が好きな仲間でグループを作っています」（建設会社の若手社員）

「取引がある建設業者から『割り当てがあるので』と頼まれたので、推進の署名はしましたよ。ただ個人的な意見としては、泡瀬干潟を埋め立てるのはもったいない。一部の政治家や工事をするゼネコンがもうかるだけなのは予想がつきます」（文房具店店長）

さらに推進署名集めと同じ時期に実施された地元新聞社のアンケート調査（二〇〇一年十一月二十日付の『沖縄タイムス』）でも、依然として埋立反対が多く、民意が埋立反対に傾いているという結果になった。

埋立賛成　　二四％
埋立反対　　五七％

要するに、市民の過半数を超える推進署名が集まって事業再開となったが、その信憑性はかなり疑わしいということだ。この「推進署名水増し説」が有力になればなるほど、工事再開を決めた尾身大臣の責任が問われる恐れが出てくる。この事態を避けるために尾身大臣と推進派がやらなければならないことがあった。それは、市長選（〇二年四月十四日告示、二十一日投票）での「圧勝」である。

告示直前の四月十日に西田選対本部長ら推進派が上京、尾身大臣に工事再開のお礼をした時、こんなやりとりが交わされたのだという。

尾身大臣「あなた方が、この東部海浜開発事業が凍結になるならば、沖縄市長選は闘えません、仲宗根正和市長は出馬しない、十一月の県知事選も放棄すると言ったでしょう」
西田氏「申し上げました」
尾身大臣「市長選を勝ってから出直して来い」

二日後の四月十二日、現職の仲宗根正和陣営の決起集会。集まった二八〇〇人の支持者に向かって西田選対本部長は、尾身大臣の厳命をこう報告した。

「あの尾身先生は大人しいようですが、非常にこわいですよ。『（尾身大臣が）五万人じゃダメだ。七万人位集めて来い』と言い、大変な署名活動が始まりました。今回は『市長選で勝って、しかも圧勝して恩返ししろ！』と大変な注文をつけられました。何が何でも私たちは市長選を勝ち抜いていきます」

なぜ尾身大臣は署名集めの陣頭指揮を取った西田選対本部長に「圧勝」を命じたのか。

沖縄市長選では、埋立推進派の現職・仲宗根正和氏（自民党と公明党が推薦）と見直し派の新人・桑江テル子氏（前福祉部長、社民党と共産党が推薦）が一騎打ちとなっていた。もし本当に、総人口一二万六〇〇〇人の「約三分の二」にあたる八万六〇〇〇の推進署名が水増しでないのなら、推進派は有権者の三分の二、反対派は残り三分の一を占め、仲宗根候補はダブルスコアで圧勝するはずである。投票率が参院選並の六割とした場合（有権者は約九万人で投票総数は約五万票）、一万七〇〇〇票の大差がつく計算になるのだ。

〈推進署名が水増しでない場合の予測〉
仲宗根候補（埋立推進）　三万四〇〇〇票
桑江候補（埋立見直し）　一万七〇〇〇票

この予測から実際の投票結果が大きく外れると、推進署名は水増しであり、尾身大臣は偽りの民意を根拠に工事再開をしたことになってしまう。国会で「沖縄市長選や沖縄知事選の選挙対策のために五〇〇億円の埋立事業を再開させたのか」「自民党による公共事業予算の流用、国家的な背任行為にあたる」などと集中砲火を浴びかねない。尾身大臣が圧勝を命じたのはこのために違いない。

●事業推進が目玉の仲宗根陣営

推進署名は水増しか否か――東部海浜開発の工事再開の妥当性をかけた沖縄市長選は、四月十四日に告示された。

告示日の朝八時、国道三三〇号線沿いの仲宗根選対事務所前に選挙カーが止まった。人だかりが出来た頃には、沖縄県選出の与党国会議員が勢ぞろいした。まずは仲村正治衆院議員（自民党沖縄三区）を皮切りに、嘉数知賢衆院議員（同党九州ブロック）、西銘順志郎参院議員（同党沖縄選挙区）、白保台一衆院議員（公明党沖縄一区）が、選挙カーに登っては応援演説をしていく。最後に仲宗根候補が登場し、「若者の職場を造ります」という東部海浜開発推進論を繰り返すと、支持者から「頑張れ」という声援が飛んだ。

仲宗根陣営の〝目玉商品〟は東部海浜開発推進、主な売込み先は建設業界だった。「基地のある沖縄は公共事業の聖域」が持論の西田選対本部長は、「北部の名護市周辺は普天間基地移設、南部の浦添市は那覇軍港移設で景気がいい。中部だけが取り残されていたが、東部海浜開発で活性化する」と経済的メリットを強調、基地を理由に公共事業を引っ張ってくる沖縄版利益誘導を前面に押し出す。

これに、不況で仕事を渇望する建設業界が呼応する。「与勝建設」（沖縄市）の代表で県建設業協会相談役の伊保清信氏は、「建設業者は自分の仕事を取るために仲宗根候補を推薦しているという批判があるが、その通りです」と堂々と語った。

告示二日前の決起集会から告示日の出陣式、そして最終日の演説会に至るまで仲宗根陣営の集会には、ユニフォーム姿の建設業者が一団となって参加していた。「自主的に参加した」と動員を否定する社員が多かったが、中には本音を語ってくれる人もいた。

埋立推進を訴える仲宗根正和候補（現市長）。右端が、尾身大臣の指南を直々に受けた西田健次郎・選対本部長。

「参加要請のＦＡＸが市内の大手建設会社から送られてきました。『朝八時に演説会があるので来て欲しい』という内容で、出ないと仕事が来なくなる恐れがあるので参加しました。会場には電気工事や土木関係など各業種の業者が一〇〇名ほど集まっていました」

　埋立反対派のＢさんの自宅には、近所の奥さんが訪ねてきた。

「その奥さんはご主人が中小建設会社を経営しているのですが、『仕事が減り、借金も増えて倒産寸前。埋立て事業が進めば、おこぼれが回ってくると思うので是非』と言って、仲宗根候補のパンフレットを置いていきました」（Ｂさん）

　企業ぐるみ選挙と思えるイベントも開かれた。仲宗根選対本部を訪ねると、干潟への影響が少ないことを説明する配布資料（埋立予定区域の地図）の脇に、「お客様感謝デーへのご案内」のコピーが束になっているではないか。見ると、「開催日は投票日の二日前の四月十九日、主催は市内のA社」とある。しかも「ヤギ汁やビールなどを用意」とまで書いてあるので、買収に当たるのではないかと思い、会場のA社に出かけてみた。

当日、入口に立っていたA社の社員に選対事務所にあった案内状を見せると、テントの下にテーブルが並ぶ敷地内に手招きされた。一角に座ると、すぐに女性事務員がヨモギが入ったヤギ汁と刺身の盛り合わせを運んできてくれた。クーラーボックスで冷やされたビールやジュース、そして泡盛も飲み放題。参加者は二〇〇名ほどで、家族連れもいたが、大半がユニフォーム姿の会社員だった。じきにビンゴゲームが始まり、景品が次々と渡されていった。

後日、「仲宗根候補を応援した」と語るA社社長に「感謝デーは買収工作ではないか」と聞くと、「毎年恒例の行事で、偶然、投票日の二日前になっただけ。なぜ選対事務所に参加案内があったのかは、私には分からない」と答えた。仲宗根市長にも同じ質問をぶつけると「挨拶はしたが、買収ではない」と違法性を否定。だが選対本部にあった案内状の会場で無料で飲み食いができ、その場で仲宗根候補が挨拶をしたことは紛れもない事実である。

一方、桑江陣営は埋立見直しがセールスポイントで、干潟保護を求める人たちに浸透をはかろうとしていた。桑江候補は「反対ではなく見直し。いったん事業を凍結して市民参加で見直しましょうというわけです」と自らの立場を説明しながら、「埋立地には立地希望のホテルもなく、カジノになる恐れもあります。本土ゼネコンが儲かる埋立より、市街地再開発を優先すべきです」と地元の建設業者との共存共栄も訴えていた。

選対幹部でご主人の桑江常光氏に聞くと、「立候補が遅れましたが、草の根選挙で追い込んでいるところです」と笑顔を見せる。「多い時で一日一〇回、ミニ懇談会をこなし、急速に支持が広がっている感じです。埋立見直しへの反応はいいですよ。沖縄の自然を大切にして、エコツーリズム等で観光産業の発展を目指します」（同氏）。

桑江陣営の出陣式は、仲宗根選対事務所から二キロほど先のコザ十字路。選挙カーの上には前知事の大田昌秀参院議員（社民党比例区）や東門美津子衆院議員（社民党沖縄三区）や赤嶺政賢衆院議員（共産党比例区）の県選出の野党議員が並び、「初の女性市長を」の声がかかると大きな拍手がわき起った。

市内を一巡した桑江候補は、昼過ぎ、市民グループが開いていたイベント「浜下りだ！　みんなでつなごう　Ｓｅａ泡瀬（しあわせ）の輪」に駆けつけた。県内最大の干潟を臨む堤防を駆け下り、「干潟を守りましょう」と声をかけながら桑江候補は手をつないでいた参加者の列に加わった。参加者からは「頑張って下さい」という励ましの声が飛んだ。

近くで「タコだ」と歓声が上がった。磯遊びをしていた家族が見つけたのだ。告示日は日曜日で快晴。参加者には子供連れの家族が多く、小学校低学年くらいの男の子と一緒だった母親は「埋立反対。沖縄は自然で勝負すべき。市の中心からも近く、子供も楽しみにしています。

環境教育にも絶好の場所ですよ」と熱っぽく語る。すると、隣で遊んでいた子供も「もったいないよ」とつぶやいた。堤防の脇ではおばさんたちが談笑していた。「干潟で貝を拾って夕食のおかずにしている。住民投票をすれば、反対の方が多いですよ」と一人のおばさんが言うと、「海が好きで泡瀬に家を買った。もちろん埋立反対ですよ」と隣のおばさんが相槌を打った。

●出口調査で民意を測る市民グループ

四月二十一日の投票日も快晴。初夏を思わせる日差しが照りつけ始めた九時すぎ、「沖縄市民意識調査実行委員会」（漆谷克秀代表）のメンバーが市内五カ所の投票場に分散、いっせいに出口調査を開始した。中心になったのは、二〇〇一年の参院選挙で出口調査を実施した「沖縄市民平和ネットワーク」と「泡瀬干潟を守る連絡会」の人たち。「沖縄市民意識調査」と書いた腕章をして、投票を終えた人たちにアンケート用紙への記入を頼んでいく。

設問は、①投票した人、②泡瀬埋立の是非（賛成、反対、わからない）、③「東部海浜開発事業」の推進署名をしたか否か、の三つ。開始早々、「これは選挙違反だ。警察を呼べ」と叫ぶ推進派市議（公明党）の妨害にあったが、夕方までにアンケート用紙はある程度回収され、すぐに集計作業に切り替えられた。開票結果が出るまでに結果をまとめ、タイムリーに報道機関に伝えようとしたのだ。

仲宗根候補に当確が出たのは、二十二時十七分。一斉に歓声が上がった仲宗根選対本部では、かけつけていた稲嶺恵一知事と仲宗根市長ががっちりと握手した。若い建設業者は「これで食べていける」と喜びの声を上げ、しばらくすると尾身大臣から祝辞の電話も入った。しかし最終的な得票の差は四四八八票にすぎなかった。「一万七〇〇〇票の差をつけて圧勝」という先に示した予測からは大きく外れ、推進署名が水増しであることを物語る結果となったのだ。

〈市長選開票結果（投票率五七・二七％、投票総数五万九二三三）〉
仲宗根候補　二万七四一八票
桑江候補　二万二九三〇票

仲宗根陣営の取材を終えた地元テレビ局が「泡瀬干潟を守る連絡会」の事務所にやってきた。すでに出口調査の集計は終わり、ここでも「推進署名水増し説」を支持する結果が出ていた（回答は一二三二一人）。

〈出口調査の結果〉
質問一　仲宗根候補に投票　五八八
　　　　桑江候補に投票　五四四

質問二　埋立賛成　二八・一％
　　　　埋立反対　四六・四％
　　　　わからない・無回答　二五・六％
質問三　推進署名をした人　二四・二％
　　　　推進署名をしていない人　六〇・五％

テレビカメラに向かって、前川盛治氏（「泡瀬干潟を守る連絡会」事務局長）が出口調査のポイントを説明していく。

(1)　埋立反対が賛成の一・五倍以上と大きく上回った。推進署名の結果と食い違う。

(2)　仲宗根候補に投票した人でも、埋立反対（一三％）とわからない等（三二％）が五割弱に達し、賛成は五四・八％と半分強に止まった。

(3)　推進署名をした人は四人に一人にすぎなかった。三人に二人が署名したはずの推進署名は、大幅に水増しされた可能性が高い。

市長選の得票と出口調査が示すのは、民意は埋立反対であり、推進署名は水増しということだ。何回調査をしても埋立反対が賛成を上回るのは、財政破綻を招きかねない大型公共事業への拒絶反応や干潟を残したいとの思いが根強い証に違いない。(注1)

結局、尾身大臣は推進署名を自ら指南して、それを根拠に工事再開を命じた可能性が高い。

五〇〇億円もの税金を自民党の選挙対策（公共事業バラマキによる利益誘導）として使った疑いも出てくるのだ。

しかも尾身大臣は、推進署名について直接聞かれたのに知らんぷりをしていた。

二〇〇一年十一月十日、小泉政権の目玉の一つ「タウンミーティング」が那覇市内のホテルで開かれた時のことだ。尾身大臣も出席する中、パネラーとして参加した「チーム未来沖縄大会委員長」の新崎康浩氏（沖縄市在住）は「市民参画型の街づくり」と題して意見を述べ、「埋立事業の推進署名は建設業者を中心に踏み絵を踏まされるようにして集められ、市民の民意は測られていない。埋立が実施されると市民は呆れて、市政や街づくりへの参加意欲を失ってしまう」と指摘したのだ。

しかし尾身大臣は自ら指南した推進署名に対する意見が出たのに、一言も答えなかった。現役閣僚が公共事業見直しの声を堂々と無視するようでは、小泉政権は族議員に完全に牛耳られていると言っても過言ではないだろう。ちなみに尾身大臣は「沖縄族」（沖縄に影響力を有する族議員）である。

●沖縄族の君臨

鈴木宗男衆院議員をはじめ歴代の沖縄開発庁長官や防衛庁長官から成る沖縄族は、族議員共通の特徴を有している。それは県内業者から政治献金を受け取り、県内の公共事業推進に熱心ということである。尾身大臣と鈴木衆院議員は沖縄族同士であり、二人の軌跡が見事に重なり合い、共通点も多いのは偶然でも何でもない。

普天間基地移設問題で沖縄が揺れていた一九九七年十一月、沖縄復帰二十五周年式典で橋本首相が「海上基地は最良の選択肢」と強調、見返りとして沖縄振興策を提示すると、就任早々の鈴木宗男北海道沖縄開発庁長官は、移設候補地の名護市に乗り込み、こう訴えた。

「国策を受け入れる地域には税金の傾斜配分は公平。海上基地を受け入れた場合には当然の配慮があってしかるべきだ！」

旧態依然とした利益誘導であったが、次第に効果を発揮していったようだ。一九九七年十二月の名護市民投票では海上基地反対が賛成を上回ったが、三カ月後の名護市長選では建設反対派の候補が惜敗。保革が激突した一九九八年十一月の県知事選でも、基地容認派の稲嶺恵一氏が当選した。この知事選で陣頭指揮を取ったのが、当時、総務局長だった尾身大臣である。利益誘導の切り込み隊長と選挙参謀として、鈴木氏も尾身氏も革新県政打倒に一役買ったのだ。

そして国策を受け入れる保守県政誕生への「当然の配慮」は、公共事業予算の急増となってあらわれた。稲嶺県政がスタートした途端、それまで三年連続で減少していた沖縄総合事務局（国の窓口機関）の公共事業費は一・五倍に跳ね上がった。

これに連動するように、両議員への県内企業の献金が増えた。尾身大臣の沖縄後援会は知事選の翌一九九九年に発足、九八年まではゼロであった企業献金が、一九九九年には三九六万円、二〇〇〇年には三七二万円に急増した。沖縄後援会会長は「砂利採取組合」の吉山盛安氏で、献金した県内企業三五社には三〇〇〇名の埋立推進署名を集めた「仲本工業」や埋立工事を落札した「大田建設」が名を連ねていた。両方とも沖縄市内の建設会社である。

県知事選後も露骨な利益誘導は続いた。

浦添市長選では、鈴木宗男衆院議員は県内最大の「國場組」の重役を呼び出し、「自民党系候補が勝てば、那覇軍港移設関連の事業が進む」とハッパをかけたという。二〇〇一年の参議院選挙でも沖縄市入りし、『東部海浜開発には沖縄の将来がかかっている』という西田健次郎さん（当時は参院選の地元選対幹部）の思いは正しいと思います」と推進論をぶちつつ、自公推薦の西銘順志郎候補（現・参院議員）への応援を呼びかけた。そして二〇〇二年四月の沖縄市長選になると、今度はポスト宗男役の尾身大臣が、工事再開の交換条件として市長選勝利（圧勝）を至上命令とした。選挙対策として公共事業をばらまく手法は、小泉政権になっても執拗に繰返されたのだ。

そして鈴木長官が鮮烈な沖縄入りをして以来、沖縄の選挙では自民党系候補の連戦連勝が続いた。公共事業依存度が高く建設業者が多い沖縄では、ムネオ流の利益誘導は非常に効果的だったということだろう。沖縄市内の建設業者はこう語る。

「最近の建設不況が自民党への投票傾向を強めています。仕事が減って倒産寸前なのに、もし自民党系候補が落選した腹いせに公共事業を減らされたら、二度と立ち直れないという危機感が働いているのです」

しかし一方で「環境破壊を伴う公共事業を見直してもらいたい」という民意も確実に存在している。仲宗根候補に投票した人ですら、埋立賛成は半分強にすぎない。出口調査の用紙には「沖縄の自然を守って」という願いが書き綴られ、各種の調査でも常に埋立反対が賛成を上回る。これらは、財政破綻を招きかねない大型公共事業への拒絶反応や干潟を残したいという思いが根強い証に違いない。

ここで浮かび上がるのが、埋立反対の民意と推進派市長の当選という不一致である。出口調査では沖縄の自然を守りたい思いを吐露するが、選挙では生活のために自民党系候補に投票する。私の聞き取りに応じてくれた建設会社の若手社員や文房具店店長も、埋立事業について正反対の本音と建前を語った。この二面性は、恫喝的な利益誘導により引き裂かれた「沖縄の心」の現われなのではないか。

仲宗根市長は「選挙結果が民意」という（注1）。しかし住民が二面的な振る舞いをする中、その片面だけで事業推進の結論を出すのは一面的ではないか。しかも選挙結果は恫喝的な利益誘導によって歪められた民意にすぎず、自然保護を求める民意が忠実に映し出されたものとは言いがたい。引き裂かれた民意の叫びに耳を傾け、二面的な思いに答える施策――環境破壊を伴わない公共事業（雇用）確保――を探すことが必要ではないか。

●沖縄族と住民の対立構造

しかし現実は全く違う。沖縄族が沖縄担当大臣の小泉政権は埋立事業推進に突き進み、自然を残したいと思う住民たちとの対立は深まりつつある。地元観光業関係者のCさんは「干潟埋立で自然破壊をして、仲宗根市長は子孫に申し開きができるのか」と怒り心頭に発していた。「埋立は経済活性化に直結せず、財政負担を招く恐れがある。地道な営業活動により市内のスポーツ合宿が増えたように中央依存より自助努力が大切。さらなる観光業の発展には、沖縄民謡酒場やライブハウス巡り、モズクや豚など沖縄料理教室との組み合わせ、あるいは泡瀬干潟を活かしたエコツーリズムなど、いくらでも手はあります」（Cさん）

二〇〇二年五月四日、「泡瀬干潟を守る連絡会」有志が藻場移植実験の現地調査を実施した。昼前、泡瀬港からボートで移植現場に出発したメンバーたちは、GPSで位置を確認しながら、水中写真を撮って行く。「移植した藻の五〇％が死滅し枯死状態の三〇％とあわせると八〇％が失敗している。環境監視委員会の『おおむね順調』という結論はデタラメ」と前川同会事務局長は強調する。

沖縄総合事務局の住田公資所長に「連絡会の調査結果と環境監視検討委員会の結論が食い違っている」と言うと、「合同調査をすれば、誤解が解けると思います」と答えた。

鈴木長官時代の沖縄復帰二十五周年から五年目の二〇〇二年五月十九日、復帰三十周年式典が開かれ、尾身大臣が出席した。鈴木衆院議員が逮捕されたのは、ちょうど一カ月後の六月十九日のことだった。しかしムネオ流の利益誘導は、沖縄族仲間で後任の尾身大臣にそっくりと引き継がれていた。橋本政権から小泉政権に様替わりしていたが、選挙と公共事業が一体化した土建政治構造は不滅だった。

四カ月後の内閣改造で沖縄担当大臣は尾身大臣から細田博之大臣（衆議院議員・島根一区）に交代したものの、旧態依然としたムネオ路線は継承され、〇二年十月、泡瀬干潟は本格的な埋立工事着工となった。小泉政権の「聖域なき構造改革」は沖縄でも看板倒れに終わり、土建政治構造を温存する役割を担い続けているのである。なお埋立事業について尾身大臣に取材を申し込んだが、多忙を理由に拒否された。

（注1）　仲宗根正和市長へのインタビュー

市長選から二週間後の五月七日、出口調査の結果などを仲宗根市長にぶつけてみた。

――出口調査では埋立反対の方が多く、市長に投票した人でも埋立反対や中立的な人が少なくないのですが。

市長「埋立反対派の恣意的な調査ではないか」

――（テーブル越しにアンケート用紙の現物を指し示し）設問は投票者・埋立の是非・推進署名の有無。誰が行なっても同じ結果になると思えるが。

市長「市長選の投票結果が民意だと思っている」

――推進署名が水増しではなく民意を反映しているのなら、市長選はダブルスコアの圧勝になるはずだ。住民投票で改めて民意を測る必要があるのではないか。

市長「その必要はない」

――東部海浜開発事業の見通しはどうか。立地希望のホテルは現われたのか。

市長「立地希望のホテルは一社も決まっていないが、これから埋立地の買い手が見つかるよう努力する。ただしカジノ誘致は全く考えてない」。

第四章　鈴木宗男疑惑で浮上した「ケニアの水力発電事業」

一　疑惑のODA事業を進める外務族議員

「（ケニアの水力発電事業には）一切関係していない！」

小泉政権が発足して間もない二〇〇一年五月二十一日、衆議院第一議院会館二二四号室に鈴木宗男衆院議員（自民党北海道ブロック）の大声が響いた。「ケニアの水力発電事業は先生が熱心に進める政治案件、それで問題に出来ないと言われている」と聞いた時のことだ。疑惑を強く否定した鈴木氏は、いきなり受話器を取って外務省経済協力局の西田恒夫局長を呼び出した。

「（西田局長が出る）もしもし、今ここにフリーリポーターの横田さんが来ているわけです。『ソンドゥ・ミリウ水力発電事業を鈴木宗男が進めている』と言っているのだな。私は『進めたい、頼む』と言ったことはないし、二年前に松浦の選挙でケニアに行った時も、僕は秘書官等に確認しても『そんな話はむこうからなかった』というのですよ。何で、鈴木宗男が進めているということになるわけだ。心外なのだ。鴻池組があって、そこから鈴木宗男が政治献金をもらっているから連動しているのではないか、と下司の勘ぐりをしているわけだよ」

外務官僚と即座に話せるのを見せつけた鈴木氏は、こう駄目を押した。

「経済協力局長は、ケニアの案件は知っていた。（局長は）鈴木宗男はケニアの案件に関係ないと言っていた」

ムネオハウスなどの「北方四島支援事業」と並ぶ宗男疑惑となった「ケニアのソンドゥ・ミリウ水力発電事業」は、ビクトリア湖に注ぐソンドゥ・ミリウ川の途中に取水堰を設け、堰きとめた水をバイパス用導水管で水力発電所に導くプロジェクトである（「流れ込み式ダム」とも呼ばれる）。発電能力は六万キロワット。事業費は一七五億円で既に第一期の工事（約七〇億円）はほぼ終了、第二期の円借款（一〇六億円を国際協力銀行が融資）を待つ段階となっている。目的は、ケニアの慢性的な電力不足解消である。

しかし、この事業は地元住民に大きな悪影響を及ぼす恐れがあった。新たに建設する水力発電所に川の水を回す結果、取水堰から下流（約一〇キロ）の水量が激減するためだ。事業計画書によると、発電開始後の河川水量は現在の百分の一で、川がほとんど干上がる水量にまで落ち込むことになっていたのだ。これでは、飲料水や農業用水などに川の水を利用していた住民の生活環境がひどく破壊され、流域生態系にも壊滅的な打撃を与えることは確実だ。また地元住民が「祖先の神が宿る」と崇めている神聖な「オディノの滝」が下流にあったが、これも水量低下により消失してしまうのは間違いなかった。

さらに上流部では森林伐採が進み、ダムの寿命の短命化（土砂堆積ですぐに使いものにならなくなる）を招くといった問題も取り沙汰されていた。ケニアの地元ＮＧＯが「大半の問題を解決していない」として、鈴木氏ら日本の国会議員視察団（後述）に向かって一四項目に及ぶ問題点を読み上げたのはこのためだ。結局、地元住民の合意を得ないまま、環境破壊を招く大型プロジェクトが暴走していたのだ。

二〇〇〇年十二月、「傷がうずく手で手紙を書いています」と始まる一通の手紙が森喜郎前首相に送られた。ゼネコンの警備員に引きとめられた後、車の中にいたところを何者かに銃撃された住民運動活動家のオデラ氏が「水力発電事業は二〇万人以上の住民に悪影響を与えます」と直訴したのだ。また集会に参加した住民がナイフで刺される事件も起きていた。

これを重大な環境人権問題として捉えたのが、国際的なＮＧＯ「ＦｏＥ　Ｊａｐａｎ」（旧「地球の友ジャパン」）だ。ホームページでオデラ氏の手紙をはじめ、事業の内容、経過や問題点を詳しく紹介、世論に訴えるキャンペーンを展開したのである。

直訴から半年後の二〇〇一年五月、青木盛久ケニア大使（ペルーの日本大使公邸人質事件で有名）が打った外務省の公電が一部の報道機関に出回った。問題の公電は、一九九九年八月に小渕内閣の官房副長官として鈴木氏がケニアを訪問し、モイ大統領やゴダナ外務大臣と会談した内容を紹介したもので、そこには「（鈴木氏は）帰国次第、関係省庁に連絡・指示を行ない、本件プ

図5　ケニア周辺図とソンドゥ・ミリウ水力発電所関係図

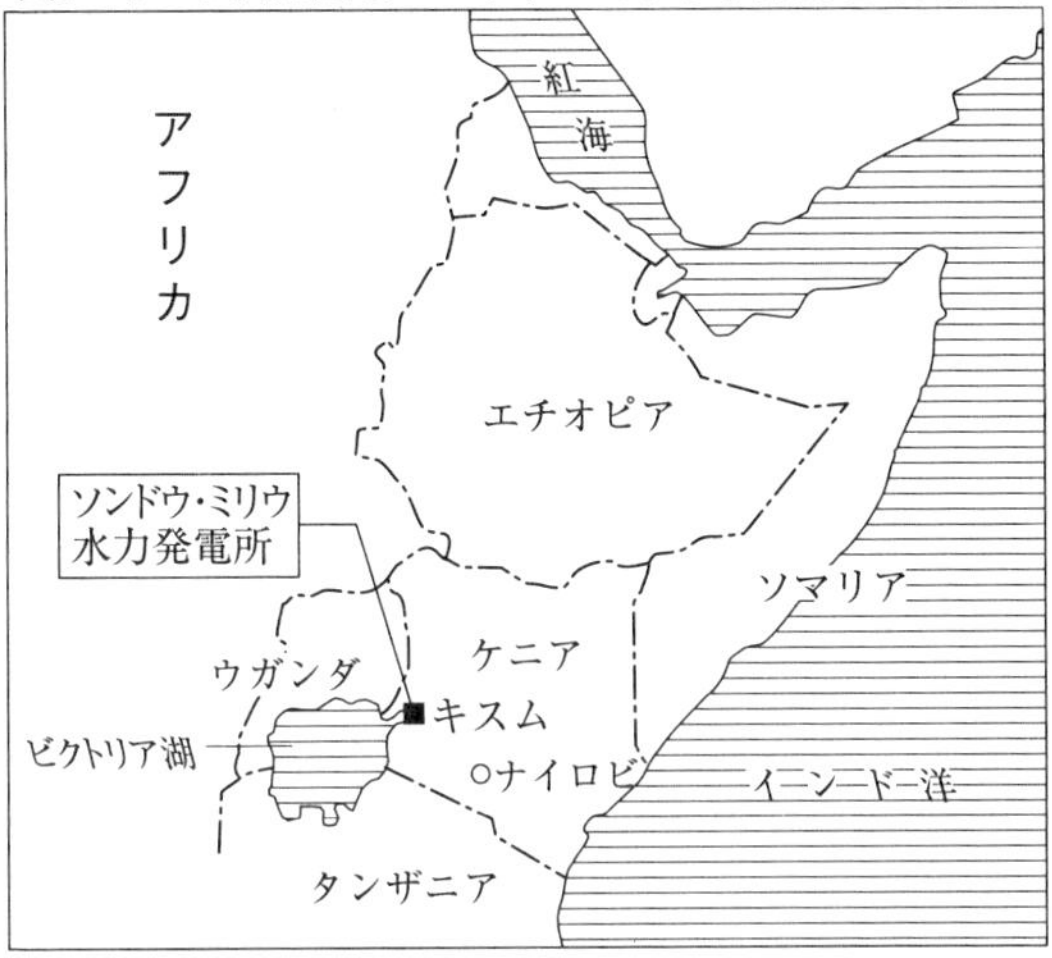

ケニア・ソンドゥ・ミリウ水力発電所所在地（発電所に水を流すため下流が枯れてしまう）

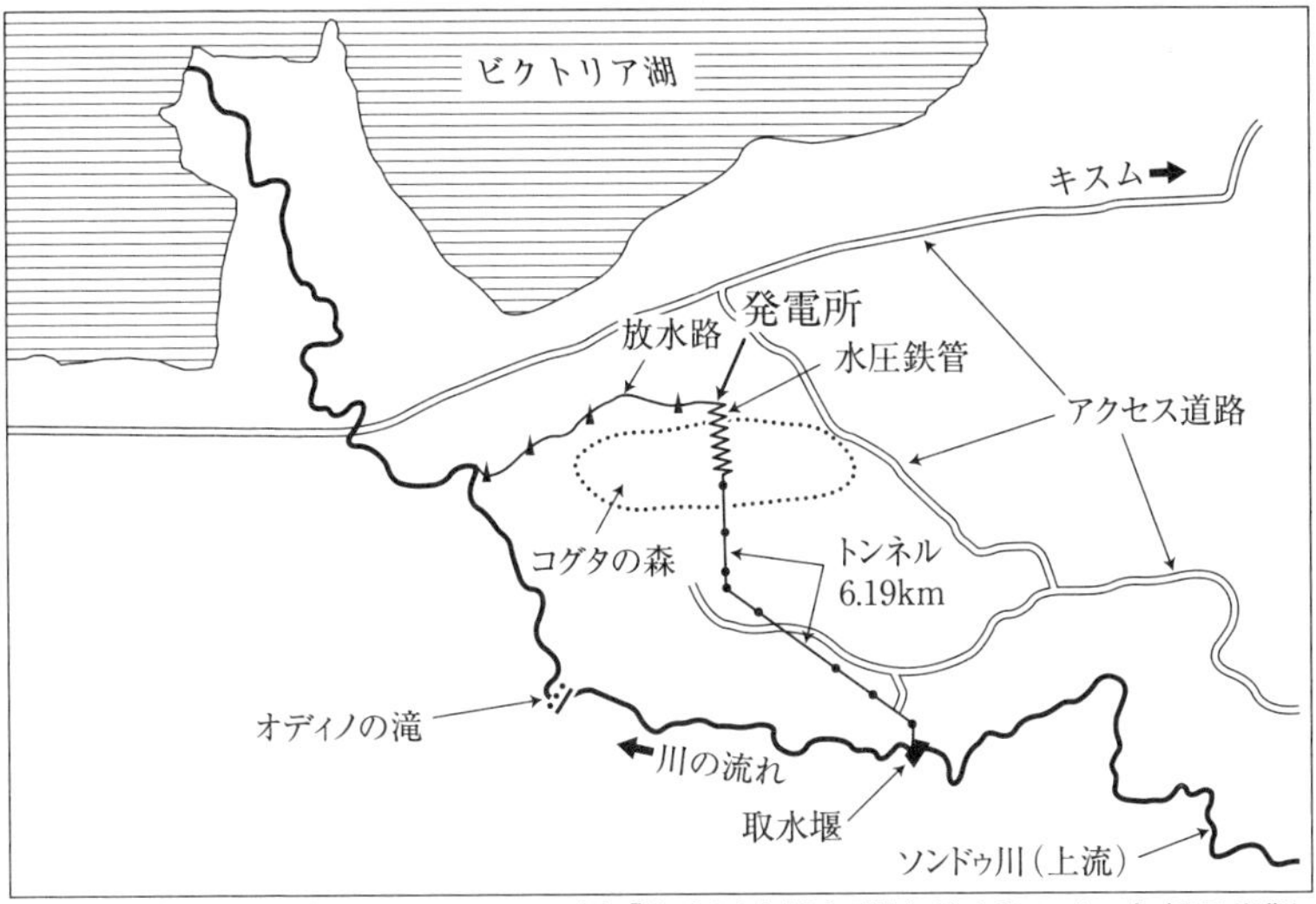

出所）国際環境NGO FoE･Japan編『途上国支援と環境ガイドライン』緑風出版

ロジェクトへの円借款供与の迅速な検討を進めることを約束する」と明記されていたのだ。

しかも鈴木氏は自民党の「対外経済協力特別委員長」を務める外務族議員であり、また工事落札業者の「鴻池組」から四年間で一八〇万円の献金を受けてもいた。献金業者のために関係省庁に働きかけて事業を推進しようとしているのではないか、という口利き（斡旋収賄）疑惑が浮上したのである。

●現地視察で疑惑を否定

三カ月後の二〇〇一年八月末、口利き疑惑を打ち消すために鈴木氏が動いた。同氏を含む衆議院外務委員会の国会議員六名がイギリス・ケニア・イスラエル・ロシアを訪問。ケニアでは水力発電事業の工事現場を訪ね、関係者からのヒアリングやモイ大統領との懇談等をこなした。期間は八月三十一日から九月九日、経費は一二〇〇万円だった。そして帰国から二週間後の九月十八日、視察議員団を代表する形で自民党の下村博文衆議院議員（東京一一区）が「大変、民主的で環境にも配慮した形で事業が進められている。現地のNGOも進めてほしいと言っていた」と国会で報告した。すると、九日後の九月二十七日のNGOを交えた視察報告会（鈴木氏は欠席）でも、視察議員らは「行く前の情報と現地での印象は随分違った。環境に配慮され基本的には問題がない」と水力発電事業を評価する発言を繰り返した。すかさず鈴木氏はこうした現地視察や報告会の様子をホームページで紹介、疑惑を否定するために利用した。

〈この様に多くのマスコミで、「ケニアソンデュミリウ水力発電事業」に対し、現地で猛反発の中、鈴木宗男が利権のために事業を推進している疑いがあると書かれました。今回、外務委員会の海外視察により土肥委員長（民主党）をはじめ、下村理事（自民党）、桑原理事（民主党）、そして筆頭理事を務めている鈴木宗男が直接現地に入り、現地の実情を調査してきました。

帰国後、九月二七日にＮＧＯメンバーを交えて報告会を行ないました。報告会では、自由党土田理事より「今回の現地視察を通じて、だいぶ私自身の認識が変わったというのが私の率直な感想です」、民主党土肥委員長より「川の水量に見合った比較的小ぶりのダムでした」（中略）最後に土肥委員長より「ただ、私が感じた事はこの発電公社（事業主体）はかなり民主的に運営されているというのが一番の印象である」〉

正直言って唖然とした。これを読むと、水力発電事業にはほとんど問題がないかのような印象を受けるが、実際は全く違うのだ。

たしかに、視察議員は報告会で事業を評価する発言をしたが、これにＮＧＯ側は納得せず、未解決の環境人権問題や疑問をぶつけるやり取りがあった。私も「水力発電事業の返済計画はチェックしたのか。高速道路の料金収入と同じで予測が外れる場合がある。返済計画の文書を見せてほしい」などと質問したところ、視察議員は沈黙してしまった。報告会の後、ＮＧＯ関係者と「何とレベルの低い国会議員たちなのか。採算性をチェックしてこないのでは、この事業が有償資金協力であることさえ、十分に理解していないのではないか」と話したほどだった。

●族議員の暴走を野放しにする小泉政権

ＯＤＡの採算性の話は、道路公団改革の議論と並べ合わせるとわかりやすい。道路建設に「道路公団方式（借金をして料金収入で返済）」と「税金方式（直轄事業による無料道路の整備）」があるように、ＯＤＡにも「有償資金協力」と「無償資金協力」があるためだ。

今回、問題になったケニアの水力発電事業は有償資金協力であった。利子付の資金をケニア側（ケニア電力公社）に貸して、水力発電収入で返済することになっていた。だから金を貸す側が返済計画を厳しくチェックするのは当然であり、金を借りたい側に任せるべきというのは、担保も取らずに融資するようなものである。「鈴木氏らは背任罪に問われる銀行員と同じ」と批判されても仕方がない話なのだ。

有償のＯＤＡの場合、金を貸すのは特殊法人の「国際協力銀行」（ＪＢＩＣ）であり、資金の元は、政府が保証する郵便貯金などである。貸した金が水力発電収入で返せずに焦げ付けば、税金で補填しなければならない。「道路関係四公団」では、料金収入が予測を下回り、借金が四〇兆円以上に膨れ上がり、税金が投入されているが、国際協力銀行も有償のＯＤＡが不良債権化するリスクを抱えているのである。

そのため国民（納税者）の代表として現地視察をした鈴木氏らは、何はあってもケニア側の返済計画（年ごとの電力料金収入、返済額、債務残高などが記載されている表）をチェックすべきであった。これには、当然、返済計画に関係する基礎データを検証する作業も含まれる。例えば、上流の森林伐採状況（ダムの寿命を左右）を把握したり、下流住民に悪影響を与えない河川流量を明らかにしたり、発電水量と電力料金を確認してくるという具合である。

ところが国会議員に配布された「事業説明書」にも「随行員による報告書」にも、返済計画は見当たらなかった。視察した国会議員が「公式の報告書」を作成し、そこに添付してあると思ったが、いつまで待っても報告書は出来上がってこなかった。

そこで視察議員に対し「公式な報告書を作成すべきだと思わないか。そこに返済計画・森林伐採状況・河川水量の調査結果を添付すべきではないか」という質問状を送ったが、鈴木氏の回答は「土肥委員長に聞くべき内容。質問には答えられない」だった。

また融資する国際協力銀行にも返済計画の情報公開を求めたが、守秘義務や相手国との信頼関係を理由に情報公開を拒否された。ＲＣＣ（整理回収機構）の元常務取締役の黒田純吉弁護士は、こう批判した。「住専の債権回収の時には税務調査並みの『特別調査権』が与えられ、守秘義務が解除されました。公的資金が投入されるため、民間銀行とは異なる扱いになったのです。有償のＯＤＡの場合も焦げ付けば、税金が投入される。国民自身が貸し手といえるのだから、守秘義務や相手国の信頼関係を盾に情報公開を拒むのはナンセンスだ」。

表4　莫大な借金を抱える重債務貧困国へのＯＤＡ残高（外務省調査98年末残高）

日本	約90億ドル	（44％）
フランス	約50億ドル	（25％）
ドイツ	約30億ドル	（15％）
米国	約22億ドル	（11％）
イタリア	約11億ドル	（5％）
カナダ	約 0.1億ドル	（０％）
英国	約　0億ドル	（０％）

表5　族議員の“得意技”（採算性の疑わしい事業への利子付き資金の投入）

事業	特殊法人	族議員
ＯＤＡ	国際協力銀行	外務族
高速道路	日本道路公団	道路族
空港	関西空港会社	運輸族

ここで、アフリカのＯＤＡに関するデータにも目を向けてみることにしよう（表4）。

このように日本は、Ｇ７諸国でトップの約一兆二〇〇〇億円の債権残高を抱えている。貸出先が重債務貧困国（世界で最も貧しく最も重い債務を負っている途上国）であるため、焦げ付く可能性が高い。日本の〃ＯＤＡ不良債権〃は世界一なのである。こうした重債務貧困国に対しては、ケルン・サミットで借金棒引きによる救済策が提案され、ほとんどの債権が焦げつく恐れが現実化してきた。

「イギリスと比べると日本のバカさ加減がよく分かる」とＯＤＡの専門家は指摘する。

「イギリスは七〇年代にアフリカへの融資は焦げ付く恐れがあると気がつき、債権回収にかかったのです。そして回収が終わったところで、『重債務国への債権は放棄すべきだ』という立場を取り始めた。自国の懐を痛めず、国際社会では途上国に優しい〃人道的国家〃をアピールしたのです」

英国のしたたかな外交戦略に比べ、笑いものになっているのが日本の外務省である。有償のODAをばら蒔いた挙句、一兆円以上の不良債権を抱えてしまったのである。そのうち五七％がアフリカと中近東が占める。そんな債権残高が多いリスクの大きいアフリカ地域で、しかも借金棒引きの対象国となったケニアに、十分なチェックのないまま新たに一〇六億円の融資をしようしているのだ。外務族議員・外務省・国際協力銀行は説明責任を果たさないまま、疑惑のODA事業をゴリ押ししようとしているとしか思えないのだ。

ケニアの水力発電事業は、実は、小泉政権の最重要課題「特殊法人改革」そのものである。「採算性の疑わしい事業に利子付の資金をつぎこみ、借金が増大し税金で補塡、建設会社が潤う」という手法は、公共事業バラマキに奔走する族議員が高速道路や飛行場など各分野で駆使してきたからである（表5）。ところが小泉政権は「聖域なき構造改革」と言いながら、族議員の悪しき〝得意技〟を止めさせようとはしないのだ。

二　鈴木宗男議員の言い分

ケニアの水力発電事業に関するインタビューは約四十分にわたった。まず鈴木氏がソファーに座った途端、「正確な記事を書いてもらわないと困るからな」と言ってテープレコーダーを取り出した。そこで「こちらも録音させていただきます」と断り、テーブルの上に二台のテープレコーダーが並ぶ中、以下の一問一答が交わされることになった。

●外務官僚への電話で水力発電事業への関与を否定

最初に水力発電事業の是非について聞くと、鈴木氏は用意された文書（外務省が作成したと思われる）を読み上げた。一段落したところで公電の内容をぶつけると、鈴木氏は複数の外務官僚に電話をかけまくり、こちらに会話を聞かせることで関与を否定していった。

――ケニアのソンドゥ・ミリウ水力発電事業についてお伺いしたいのですが。

鈴木　私が承知しているのは、ケニア政府が重要プロジェクトとして実施を強く要望している、というふうに、私は仄聞として聞いています。それで私は、この件の検討プロセスにまだ、自分がタッチしているというところまで来ていません。

またケニアというのは、東アフリカにおける我が国との関係で重要な国の一つです。同時に、ケニアは貧しい国ですが、借りたお金は返すという哲学のもとに、今、経済社会開発に取り組んでいます。これはよく、ＯＤＡの供与の中で、借りたものは自分のものだ、もらったものだと思っている国もあるわけです。そういう国と比較したならば、ケニアはきちんとルールを守ると言いますか、責任を果たすという意味で前向きです。

後、このプロジェクトについても、今、日本とケニア政府の間で、いろいろなやりとりが行なわれていると聞いています。様々な立場の人の意見をよく聞きながら、このプロジェクトにおいても、環境・社会面で十分な配慮がなされ、コンセンサスが得られていくものだと、こう思っています。

何も地元で反対があるのに無理して日本がやる必要がないわけですから。一義的にはケニア政府の責任ですから。ケニア政府は作りたいという希望があっても、その地域の人が反対ということがあるならば、ケニア政府できちんとまとめてもらいたいと、こう思いますね（ここまでが原稿を読み上げした部分）。

――（この水力発電事業に）反対している方が建設会社の警備員に引き留められた後に、車の中で銃で撃たれたという事件が去年の暮れに起きているのですが。

鈴木　聞いていません。

――集会で参加した人がナイフで刺されたという事件も起きているのですが。

鈴木　それも聞いていません。それは、いつにかかってケニア政府が解決すべき問題じゃないですか。（ケニアの）国内問題ですから。

――先生の（水力発電事業に対する）お考え、お立場は

鈴木　いま外務省関係者と打ち合わせをして確認したのですが、私が強く推進したというのは間違っています。

——九九年八月にケニアに行かれて大統領とお会いになって、追加の円借款をやりましょう、関係省庁に働きかけましょう、という話になっていると聞いたのですが。

鈴木　聞いたのなら、氏名と名前を教えて下さい、私の会談に同席したものが言うならともかく、同席もしていないわけのわからないヤツがそんな風聞を言われたら、たまったものではない。私が行ったのは「松浦さん、頼む」とユネスコの選挙（後述）で行った。経済協力（ODA）の話で行ったわけではない。

（外務官僚を電話で呼び出す）「船越さんよ、ケニアに行った時よ、水力発電計画について何か進めるという話をしたか、オレは全く記憶にないのだわ。ちょっと調べて連絡下さい。ソンドゥ・ミリウ水力発電計画」。

秘書官も記憶にないから、今、調べてもらっている。オレも全く記憶にないから、「ケニアがよろしく」という話はあるかも知れない。

（しばらくして別の外務官僚にも電話をかけた）「沼田さん、平成十一年のオレが副長官でユネスコの選挙で行った、ウガンダ、タンザニア（を回って、ケニアで）オレがモイさんに会った時、記憶にない。大統領官邸に行ったのが外務省から二人だな。このいい加減なフリーリポーターの横田さんは『オレが進めている』と思っている。聞いてもいない話。『決め打ちできるのか』

と叱っているところなので。外務省から聞いたというので、『嘘言え』、また聞きのまた聞きだと。『ニュースソースは言えません』と一流の逃げだ。本当にいい加減な、人間でない対応ですよ。歴代の特別委員長には説明している。『この業者を使え』とか言ったことはないですよ。五〇万円、鴻池組が政治献金があるから進めているのではないか。バカな話、乞食みたいな話。レベルの低い話で来ている。悪いことはしていない。国益のため、アフリカは大事な国で、将来がある。悪く、悪く言う、くずみたいな話。よく外務省もアンテナ張っていてよ。私は一切ありません、利権なんて」。

●ユネスコ選挙とケニアの水力発電事業の関連性

鈴木氏の主張は「ユネスコ事務局長に立候補した松浦晃一郎氏（当時駐仏大使）の選挙対策でケニアを訪問した際、水力発電事業のことを初めて知った。モイ大統領との会談では、外務省が用意した発言応答要領を読み上げげただけで、事業には一切関与していない」というものだった。

しかし一九九九年六月二十九日付の外務省経済協力局の内部文書「対サブサハラアフリカ円借款（供与の検討が中断している案件）」には「ソンドゥ・ミリウ水力発電計画はユネスコ選挙対策の観点からも死活的に重要」「土木工事は日本企業が実施中」と明記されていた。要するに、水力発電事業は国際機関のポスト獲得（票集め）の手段と位置付けられており、ＯＤＡとユネスコ選挙対策は密接不可分の関係であったのは間違いない。だから鈴木氏が選挙対策のことだけ知っていて表裏一体のＯＤＡについて知らないというのは不自然であり、外務省と組んで事業推進に突き進んでいたのだろうと私はみていた。鈴木議員にとっては受注業者からの献金授受、外務官僚には省益実現というメリットがあるからだ。

そこで、この資料を鈴木氏にぶつけてみた。

――外務省の資料でも、ユネスコの選挙とこのプロジェクト（水力発電事業）がリンクしているという資料があります。

鈴木　（私が差し出した外務省経済協力局の資料を見る）

――この資料、ご覧になっていないのですか。

鈴木　初めて見た。

――（資料の中で）選挙対策としてダム事業を進めるような書き方をしているのです。

鈴木　役所に聞いてくれ。

――（外務省の資料には）「土木事業は日本企業が受注」とあります。これは鴻池組なのですが、先生は鴻池組から政治献金を受けられていますね。

鈴木　君ね、人間的な対応をした方がいいよ。政治資金に何で結びつくのよ。汚い金なら表に出せないでしょう。きれいなお金だから、出せるのであって、政治資金というのは善意なのであって。

（電話をかけ始める。相手は鴻池組のようだった）

「鴻池組はいつから後援会に入っている。平成九年五月から入っている。そこで、大阪。Yさん、昔、北海道にいた人だな。Yさんか。当初、五〇万円でいただいておったら、平成十二年から三〇万円、今もずっと続いているのね。今年も三〇万円になっているわけだな」。

副社長のYさんは北海道にいて、中川先生の秘書時代からの関係ですよ。

●不可解な特別環境案件について

鴻池組をはじめとする日本企業の受注については、外務省の資料だけでなく、円借款（融資）をする「国際協力銀行」の内部文書にも触れられていた。

「(2) 関連業者への影響　本事業は特別環境案件であり、受注企業は全て日本勢である。現下の厳しい我が国経済状況に鑑み、円借事業（注　有償資金協力）への参画は本邦企業にとっても大きなビジネスチャンスの一つと考えられているところ、これら事業が中断される場合には、これら本邦企業への影響も大いに懸念されるところである」

ここで「特別環境案件」とは、環境に優しいと認定された有償のODA（円借款）に対し、通常よりも低金利で融資する優遇措置のことだ。援助を受ける国にとっては金利負担が軽くなり、一方、援助をする国には自国の企業だけが受注できる特典がつくという特徴を有する。通常、円借款は世界中の企業が参加する国際入札となるが、ケニアの水力発電事業は特別環境案件であるため、「受注企業は全て日本勢」となったのである。

しかし不可解なのは、なぜ流域住民に悪影響を与える「環境破壊案件」というべき水力発電事業が「特別環境案件」に認定されたのか、ということだ。この認定により請負業者は日本企業に限定され、結局、鈴木氏に献金していた鴻池組が落札していた。ムネオハウスをめぐる疑惑では、鈴木氏が入札参加資格を地元建設業者に限定しようとして働きかけたことが問題になったが、ケニアのODA疑惑でも同じような図式が見て取れるのである。

そのため、「ここに自民党の『対外経済協力特別委員会』の鈴木委員長（当時）の影響力が働いたのではないか」、「外務族議員の政治案件として特別扱いされたのではないか」という疑問がわいてきたのである。

――「ODAは、実力者の鈴木先生を通さないとなかなか難しい」という声もあるのですけれども。

鈴木　誰がそういうことを言っているのか、教えて下さい。全部、平場で議論をしているのですから、（自民党対外経済協力）特別委員会を開いて議論をしていますから。大体、役所の言うとおりになっていますよ。

――先生のところにその都度、説明をすると。

鈴木　私は（対外経済協力特別委員会の）委員長だから、当たり前じゃないですか。違いますか。私が与党第一党の特別委員長だから。全てのところから説明に来ますよ。私は政治家として軽くないですよ。

――「与党として了解して下さい」とくるわけですか。

鈴木　（政治家は）現場もわかるわけではないし、役所があらゆる案件について、党の部会にかかるものの説明に来る。ODAの無駄遣いというが、チェックする。

――説明に来る頻度なのですけれども。ODAの案件では、事前通報と交換公文と借款契約と（審査のプロセスが）三段階ありますけれども、その都度、三回ともお伺いに、ご説明に伺わないと話が通らないと。鈴木先生はｍｕｓｔ（マスト）だと。

鈴木　誰が言っているのか、話をさせて下さいよ。一方的に言われても迷惑だから。一つの話を三に膨らませて言われたらどうします。ニューステーションは膨らますから話が面白いのですよ。それと同じことですよ。それならば、（そう言う人を）連れてこい。全くふざけた話。全く心外というか、論外の話だよ。

また聞きのまた聞きだろう。日本の外務省の役人はしっかりしていると思っていますから。あなた方が直接アクセスがあるわけではないのですから。「フリーリポーター」と言って外務省に聞いてみるがいい。

――ケニアのダム（水力発電事業）は政治案件と言われています。

鈴木　私は知らない。

――先生は「ODAのガン」だと言う人もいます。先生が熱心に進められている案件は問題にできないと。

鈴木　具体的には何の案件だ。

――ケニアのダムの案件がそうだと。

鈴木　関係ないと言っている。聞かれてもいない。具体的に言ってくれ。そんなものない話をしてもらっては困る。ダムは一切、関係していない。「ODAのガン」だと言ったヤツに、「おまえこそ、ガンだ」と言っておけよ。そういう嘘は困る。鈴木宗男がガンだと言うのなら、君もガンの一種だよ。

――一番、具体的なのがケニアのダムの件で。

鈴木　私は関与していない。（冒頭の外務省西田経済協力局長とのやり取りのため省略）横田さん、言っておくからな。私はそんなウソをついて、その場しのぎをしようとは思っていませんから。言わないものは言わないとハッキリしていますから。それと、ODAだって、例えば、どこに川があって、どこに橋をつくってという話は私は分かりませんから。（自民党に）上って来たものをどうするのか、ですよ。そこで国民の税金を使う以上は、党の部会、調査会、（対外経済協力）特別委員会で、平場で議論しているということです。部会長、外交調査会長、特別委員長には全部公平に言っていると。その都度、その審議にかかるものについては。それ以下のものでも、それ以上のものではない。

●『日刊ゲンダイ』の第一報

このインタビューの翌日、「仕切り屋・鈴木宗男代議士に不透明な動き　バラマキODAの『外務省暗部』」と銘打った『日刊ゲンダイ』（〇一年五月二十三日付。発行は二十二日）の記事が出た（私は取材協力）。そのリード文は「田中眞紀子外相が『ここには真っ黒な利権がある』と評した外務省の暗部が具体的に見えてきた。政治家が介在し、国民の血税をタレ流しているとしか思えないODA（政府開発援助）のデタラメだ。自民党でODAを仕切っているといわれているのは、鈴木宗男・党対外経済協力特別委員長。なかでも関係者が注目している

こんなODAが必要なのか

仕切り屋・鈴木宗男代議士に不透明な動き

バラマキ（ケニア）ODAの「外務省暗部」

田中真紀子外相が「ここには真っ黒な利権がある」と評した外務省の暗部が具体的に見えてきた。政治家が介在し、国民の血税をタレ流しているとしか思えないODA（政府開発援助）のデタラメだ。自民党でODAを仕切っているといわれているのは、鈴木宗男・党対外経済協力特別委員長。なかでも、関係者が注目しているのが、地元でも猛反発が起きているケニアの175億円水力発電事業だ。

援助地区住民のためにもならないし、円借款が焦げ付く恐れもある。不況のどん底の日本が、なぜ現地の人たちから恨まれるような事業に巨額の金を出さねばならないのか。しかも、現地で事業を請け負い、儲っているのは日本のゼネコンなのである。

「問題視されている事業は、総工費175億円で、ビクトリア湖に注ぐソンドゥ・ミリウ川に取水堰とバイパス用導水管を造って、水力発電（6万キロワット）をしようというプロジェクトです。"貧困削減戦略"の一環として進められていますが、発電所への取水で水量が激減し、飲み水や農業用水を使っている下流地域住民の生活を破壊してしまうのです。現在、1期工事（約70億円）がほぼ終わりましたが、移転住民への補

現地住民は猛反発

「本来ならば、当然、事業を凍結、抜本的な見直し作業に入るべき案件です。ところが、外務省はさまざまな問題に目をつむり、2期工事の追加融資（106億円）を推し進めようとしている。この陰で見え隠れしているのが、外務省に強い影響力を持つとされる鈴木宗男・前自民党総務局長なのです」（外務省関係者）

鈴木宗男のODA疑惑の第一報を伝える『日刊ゲンダイ』（2002年5月23日付）

のが、地元でも猛反発が起きているケニアの一七五億円水力発電事業だ」であった。
すぐに鈴木事務所から「電話を欲しい」との伝言が入った。議員会館に電話をかけると、威圧感のある声が耳に飛び込んできた。

鈴木　鈴木宗男ですがね。何で『仕切り屋・鈴木宗男代議士に不透明な動き』という見出しになるのだ。何を仕切っているのか、具体的に言って下さいよ！

――外務省の公電を見ると（関係省庁に働きかけとある）。

鈴木　君が持っている公電が偽物だったらどうするのだ！

――「偽物でない」と判断した。

鈴木　君、公電が何で君の手にあるのか。公務員法違反じゃないか。これだけでも、もう国会にあなたを呼んで証人喚問をしてもいい位だ。はい、はい、わかった。

鈴木氏は機関銃のようにまくしたて電話を切った。鈴木氏は「公電が偽物だったらどうする」と言いつつ、「公電が出回るのは公務員法違反」という矛盾した主張をした。それなら外務省が公電を公開すれば、白黒がつく話だが、外務省は「必要はない」と拒否した。
この記事を皮切りに疑惑を報じる記事が週刊誌などで相次ぎ、先に紹介した鈴木氏のホームページにそのまま引用されたのである。

三　恫喝による族議員支配

●怒鳴られた国際協力銀行総裁

二〇〇二年一月のNGO参加拒否問題で、田中眞紀子外務大臣よりも外務省に影響力を有していたことが知れ渡った鈴木宗男衆院議員。鈴木氏の常套手段は、とにかく大声を張り上げ相手を威圧することだ。たまに取材に行ってもあの大声には圧倒されるが、日常業務で恫喝される官僚はたまったものではない。ODA資金を融資する「国際協力銀行（JBIC）」も、そんな被害者といえる。

二〇〇〇年の秋、自民党の外交関係合同部会に国際協力銀行の保田博総裁（当時）が呼ばれた。その直前に開かれた日本と中国のODA二十周年レセプションで、中国側が作ったパンフレットに総裁の写真が大きく載ったことが問題になった。総裁に比べ、自民党関係者の写真が小さかったことが怒りを買ったということらしいのだ。この部会の様子は自民党のホームページにも掲載され、新聞記者へのレクチャーも行なわれたことから、ODA関係者に広く知られることになったのだが、その発端は鈴木氏だった。

中国で開かれたレセプションに参加した鈴木氏は、国際協力銀行の関係者をこんなふうに怒鳴りつけたという。

「（中国側のパンフレットを見て）これは何だ！　なんで総裁の写真がこんな大きく載っているのだ！　一体、誰のおかげでODAが出来ると思っているのか。竹下さんから小渕さんに至る歴代の政府・自民党がODA予算を確保しているからだろう。おまえらだけでODAをやっていると思うのか。国民の努力のおかげでODAをやっているのだ！　おまえたちが前面に出るのが、そもそも間違っているのだ！」

国際協力銀行の関係者は「この指摘自体は的をえている」と反省したが、鈴木氏の怒りはなかなか収まらなかった。それで、国際協力銀行総裁が自民党の外交関係合同部会で事情を二度にわたって説明することになり、幹部が反省文を書くとか、書かないとか、という話にもなった。総裁を国会に呼ぶ話は、その後もずっとくすぶったという。

たしかにODAは、国民の税金や郵便貯金などを元手に進められる。税金を政府・自民党が集め、ODA予算を確保しない限り、現場担当者は動きようがない。だから「ODAの現場担当者は、自分たちが偉いと思うのではなく、汗水たらして税金を納めた国民のことを考え、有効に使われるように日々努力しなさい」と鈴木氏は言いたいのだろう（ただし鈴木氏は先の発言を否定している）。

しかしケニアの水力発電事業への対応をみると、ダブルスタンダード（二重基準）もいいところである。他人には納税者のことを考えろと怒鳴りながら、こと自分が関与するケニアのODAについては、返済計画を手に入れないなどノーチェック状態に近いからだ。

ちなみに鈴木氏は、「ピース・ウインズ・ジャパン」の大西健丞代表に対して「税金を集めているのは俺たちなのだ。税金を使うなら、政治を無視してできると思うな」「いま五億八〇〇〇万円もらっているのか。これからは逐一チェックさせてもらうからな」などと怒鳴ったが、「政治」を「族議員」に置き換え、少し表現を変えた方がずっとわかりやすいだろう。「税金を使うなら、族議員を無視してできると思うな。税金を集めて使うのは族議員なのだ」。役人への影響力を誇示し、予算を握る仕切り屋として君臨し続ける——これが叱責の主目的と見ていいだろう。

●霞ヶ関キャリアにも「コノヤロー、テメー、バカヤロー」

霞ヶ関キャリアのA氏は、課長当時、鈴木氏に恫喝された。発端は、安直な上司が〝宗男案件〟を受けたことだった。その体験をA氏はこう振り返った。

××省××局の幹部室。部下のA氏を呼び出した幹部は、「宗男さんの話を受けてきた。処理して欲しい」と切り出した。しかし公益性のない私利私欲のためとしか思えない案件だったので、Ａ氏は激しく反論した。

「とんでもない話じゃないですか。理屈が通らないので実現不可能です。できません」

押し問答が続いた後、サジを投げるように幹部は言った。

「君に直接、話が行くかも知れないからな。君の一存で責任をかぶってくれ！」

Ａ氏は〝宗男案件〟が道理に合わないと訴えただけだった。ところが話を受けてきた上司の幹部自身が腰を引いてしまったため、Ａ氏は鈴木氏の目の敵となり、直接対決をすることになってしまった。

しばらくして鈴木氏からＡ氏に電話がかかってきた。受話器を取るなり、罵声が耳に飛び込んできた。

「君が『（〝宗男案件〟を処理）出来ない』と言っている課長か！　何でやらならいのだ！」

それでもＡ氏が断り続けると、鈴木氏の大声のボルテージは最高潮に達していき、「コノヤロー、テメー、バカヤロー」を連発してきた。そのままでは耳が痛くなるほどの大声だったので、受話器を耳から少し離し、受話器の片方（話す側）を手で塞いで、周囲の仲間たちにささやいた。

「おーい、鈴木先生からの電話だぞ」。

こうして受話器はスピーカーとなり、鈴木氏の罵声が職場内に流れると、仕事仲間はＡ氏に心配そうな視線を向けた。三分間ほどたった頃だろうか、機関銃のような罵声が静まる気配をみせた。ここぞとばかりにA氏は「その件はお受けできません」と素早く言って電話を切った。

鈴木氏からの恫喝的な電話は、一カ月間に三回から四回ほどかかってきたが、頑として案件処理を拒み続け、結局、鈴木氏は諦めたという。A氏はこう強調する。

「あの恫喝的な口調に押されて一度でも認めると、次から次へとつけ込んできます。外務省は、そういう状態だったのではないですか。とにかく理屈の通らない族議員の依頼はきっぱりと断り、敢然と立ち向かうことが重要なのです。

ここで幹部クラスの責任は重大です。私の場合は、幹部が政治案件を部下に〝丸投げ〟して逃げてしまった。多分、上司の幹部が族議員のアメとムチの懐柔作戦に乗り、『この案件を処理してくれれば、出世は確実だ』などと囁かれ、政治案件を受けてしまったのでしょう。実際、族議員のイエスマンと化した私の上司は、トントン拍子で出世していきましたよ。しかし、そのツケは部下の課長や課長補佐クラスがかぶる。真面目に仕事をしようとする官僚ほど苦しむことになるのです。幹部は族議員の盾になり、部下を守らないといけないのですが、実際にはそうでない人が多いと思います」

威圧手段は電話での罵声だけではない。役所関係者は自民党の××部会に呼び出され、鈴木氏に怒鳴られることもあるという。前日に説明に行ったにもかかわらず、翌日の部会で「その話は聞いていない！」とイチャモンをつけることもあったとA氏は語る。

「その日の部会には、自民党の議員が何人も出席していました。いわば公衆の面前で、吊るし上げられたのです。つまり理屈にならないことを連発し、恫喝によって官僚を従わせるのが鈴木氏の常套手段といえます。『逆らったら酷い目にあうぞ。俺の言う事は素直に聞いた方がいいぞ』といった心理的な圧力をかけるというわけです」

少し考えると奇妙な話である。そもそも自民党の部会や特別委員会は、政務調査会の下部組織であり、その名の通り、政策を調査して議論を闘わせる場のはずである。ところが実際には「恫喝的な言い方は政策論争にふさわしくない」とか、「その考え方は筋が通っていない」といった意見が議員から出たことは、全く覚えがないとA氏は振り返る。

「政治家の恫喝的な話には一切異論を唱えないというのが、議員同士の暗黙の了解、と思いたくもなります。結局、自民党の部会や特別委員会は、鈴木氏のような大声の族議員が、官僚を高圧的に従わせるための舞台というのが実態です。その結果、日本の政治からは公益・国益はほとんど消えうせ、政治家や官僚や業界の利権でしか動かなくなってしまった。何とかして族議員の官僚支配を変えなければならないのです」

●族議員の力の源泉——影響力行使の仕組み

A氏の体験は、族議員の恫喝（電話での罵声や部会での吊るし上げなど）により公益性の乏しい

〝政治案件〟が横行していることを示唆するものだ。それでは、鈴木議員に象徴される族議員の力の源泉は何か。平沢勝栄衆院議員は「鈴木さんが実質的な外務大臣、田中眞紀子さんは形式的な外務大臣」（二〇〇二年二月三日のテレビ朝日系「サンデープロジェクト」）と語っていたが、鈴木議員はなぜ外務大臣以上の影響力を持つことができたのか。

日本の統治機構は立法・行政・司法の三権分立をとり、議院内閣制により立法府の多数派が行政府を指揮監督することになっている。多数派（与党）が選んだ総理大臣が組閣、大臣が行政府のトップになるわけだが、代議士は首班指名選挙で一票を持つにすぎない。どの政治学の教科書をみても「代議士は大臣以上の力を持ちうる」とは一行も書いていないが、立花隆著『巨悪vs言論』の中にはこの逆転現象に関する記述（『文藝春秋』七六年七月号の「新・田中角栄研究」）があった。立花氏は、「法が想定していなかった事態が生まれた」として、「自民党という法の外の私的機関が、立法、行政の両機関の上に君臨する超権力機関となってしまった」「現実の日本の国政の決定機構は、自民党という私的機関の内部にある」と指摘していたのだ。

そして鈴木氏が委員長を努めていた「特別委員会」についてこんな説明が続いていた。

「自民党の政策は、すべて政務調査会で立案され、総務会で承認され、事実上の党議となる。政務調査会には、行政機構に対応した部会やより細分化された問題を扱う特別委員会、特別調査会などが設けられている。誰でも部会や特別委に入れるため、その問題に強い関心を抱く議員はみんな集まってくる。これが、××族議員と呼ばれる集団である。実質的な政策決定（予算や法案など）がそこで行われていることを知っているから、業界も官僚も××族議員に働きかけを行う。××族議員、××省官僚、××業界の癒着が日常的に進行。業界から議員に政治献金がいき、議員は官僚を動かすことによって業界にサービスする（中略）。これが構造疑獄といわれるものの内実である」

二十五年以上も前の立花論文を引用したのは他でもない。この構造疑獄構造が「聖域なき構造改革」を掲げる小泉政権になった後も続き、外務省を含む行政機構全体にあてはまると思ったからだ。いまだに族議員が予算や法案の決定権を有し、官僚はご機嫌を損ねないように彼らの要望に答えているということである。こうして官僚は国民に奉仕する公僕から、自民党にサービスする下僕と化す。これが族議員の官僚への影響力行使、行政支配のメカニズムなのではないか。ちなみに「××」に「農水」を入れれば、「農水族議員による農水省支配」となり、「外務」を入れれば、「外務族による外務省支配」となる。

行政関係者のコメントとも一致した。

「旧建設省や農水省とは違って族議員という政治的なパイプを持たなかった外務省は、自らの案件を通すために、大物政治家との関係を築こうとした。しかし結果的に外務省は、主として橋本派、中でも宗男氏に牛耳られることになりました」（外務省関係者）。

「大掛かりな案件だと自民党の了承が必要になる場合がありますが、『俺は聞いていていない』等と言われると先に進まなくなる。これは、実施案件数が命の役人にとって大問題です。国会議

員の口利きを断りにくいのはこのためです」（地方の行政関係者）

族議員の手法はワンパターンだ。それは、予算配分権を背景に事業を推進し、建設業者から献金をもらうというものだ。こうした族議員支配（土建政治構造）を根絶しない限り、ＯＤＡを含めた公共事業バラマキは止まらない。鈴木宗男議員は逮捕されたが、他の族議員が中央省庁と癒着しながら、公益性の乏しい事業推進に邁進していくのは間違いないからだ。

第五章　環境標榜型バラマキ事業の愛知万博

愛知万博が開催まで一〇〇〇日を切った二〇〇二年六月二十九日、『朝日新聞』名古屋本社版に「愛知万博から勇気ある撤退を！」と銘打った意見広告が載った。カンパで掲載にこぎつけたのは「意見広告の会」（共同代表井上孝彦氏ら）で、「ブルドーザーで森の命を枯らさないで！海上の森、愛知青少年公園は自然の宝庫」「万博、中部新空港、関連道路、それって今、必要ですか？」と訴えていた。

奇妙な話だと思わないだろうか。愛知万博は「自然の叡智」「開発を超えて」がうたい文句の環境博だ。二〇〇〇年七月には、環境団体も加わった万博検討会議で会場予定地「海上の森」の大幅縮小で合意、市民が参加する「二一世紀型の万博」と評価された。二〇〇〇年七月二十五日付『朝日新聞』を開くと、「市民合意で袋小路打開」「自然保護派、評価の言葉」という見出しと、検討会議の谷岡郁子委員長（中京女子大学学長）が笑顔で委員たちと握手する写真が並んでいるほどである。しかし意見広告が示す万博像は、開発により環境破壊を招く「古き二〇世紀型」でしかない。なぜ、これほど大きなギャップが生まれたのか。

●環境博の関連工事で環境破壊

二〇〇二年八月十日。酷暑が続く名古屋駅に降り立つと、「二〇〇五年EXPO」と書いた白い塔が立っていた。そこから東に約二〇キロ。名鉄瀬戸線で三十分ほど行くと、終点の尾張瀬戸駅に着く。この一帯は里山と田圃と民家が混在する丘陵地帯で、ここまで来れば、会場予定地の「海上《かいしょ》の森」（瀬戸市）や「愛知青少年公園」（長久手町）もすぐ近くだ。

迎えに来ていただいた加藤徳太郎・瀬戸市議（「意見広告の会」の共同代表）の車に乗り込み、会場予定地に向かうと、突然、建設工事ラッシュの光景が飛び込んできた。工事名を書いた立て看板や、現場を囲むフェンス、そして夏の日差しで眩いばかりに輝くコンクリートの橋梁。加藤市議がはき捨てるように言った。

「半年で一五〇〇万人の推定入場者に対応するため、会場へのアクセス道路を拡張しているのです。役人や地主や建設業者のための無駄な公共事業、二〇世紀型万博そのものです」。

会場の最寄り駅となる愛知環状線「八草」駅周辺では、リニアモーターカー式のモノレール「東部丘稜線」の建設が進んでいた。これも輸送力増強が目的。しかしグランドほどの広さの工事現場を覗くと、里山の斜面がごっそりと削られ、ダンプカーが並ぶ跡地に赤茶けた地肌が露出していた。

「海上の森」の入口に車を止め、林の中の「トンボ池」沿いに歩いていくと、加藤市議が白い花を指差した。「絶滅危惧種のサギソウです。万博推進側も『この一帯は良好な自然環境』と評価しているのに、ここにもアクセス道路を作ろうとしています」。

こうした関連工事による環境破壊を懸念して、地元環境団体は会場周辺を含む環境アセスメントを求めているが、万博協会は拒否したままだ。そこで「会場内の環境は守られても、周辺は破壊されてもいいのか」と聞いてみたが、「個人的にはおかしい気もしますが、協会としては会場内としか……」(広報課)。万博協会は常識が通用しない組織のようだ。

一方、主会場となった「愛知青少年公園」では、地元の環境団体「長久手自然くらぶ」がオオタカ等の食痕調査を続けていた。東部丘陵線の環境アセスメントをした際、愛知青少年公園周辺でもオオタカの営巣が確認されたからだ。調査メンバーの佐藤淳子氏は、集めた食痕の羽や観察記録表を示しながら、「このままだとオオタカに悪影響を与えるのは確実です」と顔を曇らせた。

これも不可解な話だ。「海上の森」はオオタカの営巣が確認されたため会場面積が大幅に縮小、代わりに青少年公園が主会場になった。その青少年公園でもオオタカの活動が確認されている。佐藤氏らはＢＩＥ(博覧会国際事務局)本部に環境調査や会場変更を求めたが、万博協会は見直しをしようとしない。ダブルスタンダードとはこのことだ。

二〇〇二年八月十一日、「海上の森」に隣接する瀬戸市上之山三丁目の住宅地に、「ゴンドラ

予定地周辺で進む工事ラッシュ。一時的な大量集客型のイベントのためにアクセス道路やゴンドラが建設されていく。

反対」の看板が立った。万博協会が設置しようとしているゴンドラが住宅地の近くを通るためだ。

万博協会の説明によると、このゴンドラは「愛知青少年公園」と「海上の森」の両会場間を入場者が移動するためのもので、地上約二〇メートルの高さに設置され、八人乗りのゴンドラが十二秒おきに巡回していくという。しかし上から覗き見られることになる上之山町の住民は「ゴンドラの威圧感、プライバシーが侵害される疲労感・屈辱感で、生活環境の悪化につながる」と白紙撤回を求めた。七月十五日の「フォローアップ会議」(先の検討会議を引き継いで設置)では、町内会会長代理の住民がこう訴えた。「家とは家庭とは何ですか。疲れた体を癒し、安息の時間と空間を与える場所ではありませんか。私達は都会の利便性よりも、豊かな自然がもたらす静けさを選びました。静けさを求める者から、静かに安らぐ時間を奪うとはどういうことか」。

だが万博協会は「視界を遮る羽根をゴンドラの底に付けてみては」と口にする始末。計画撤回どころか、威圧感が増す恐れさえ出てきた。

●万博美化の片棒を担ぐ東大教授

ますます訳が分からなくなった。「二一世紀型の環境博」の現場を回ると、開発主義による環境破壊の光景が次々と目に入る。サンゴ礁の破壊を招いた沖縄海洋博とも重なり合い、「二〇世紀型万博」としか思えない。そこで、愛知万博を高く評価する万博問題の権威、吉見俊哉東大教授の「市民参加型社会が始まっている　愛知万博の『迷走』に〈未来〉を見る」（『世界』二〇〇〇年十二月号、〇一年一月号）を読み返してみたが、逆に「詐欺紛いのイベント」という疑念が膨らむばかりだった。

吉見論文には「（市民参加の環境博を）単なる大量集客型の興行に戻そうという動きがないわけではない」とあった。だが会場周辺で建設予定の道路やゴンドラ等は、この「大量集客型の興行」に対応するためのものだ。加藤市議はこう補足する。

「三〇億円もかけてゴンドラを作り、半年後には取り壊す。万博にあわせ上水道や下水道の能力アップもする必要がある。明らかに税金と資源の無駄で、ゴミ問題も深刻化させます」

また吉見論文には「豊かな自然の保全に配慮した環境調和型のまちづくりの実験」の美しき文言もあった。「通産省検討委員会の最終報告」（九五年十二月）に盛り込まれたものだが、先の上之山町はまさに「豊かな自然」に囲まれた住宅地。その住環境を「環境調和型のまちづくり」で破壊される側の町内会会長代理は、こう怒る。

「どんな華麗で壮大な絵を描いたとしても、ゴンドラが地域住民の住環境を侵し、苦しめ、悲しませている事実を見て、世界中から来た観客は何と思うのだろうか。日本の人間軽視の体質が変わっていないことを、世界中に露呈する事ではないか」

詐欺紛いの話は他にもある。瀬戸市が取り組む「環境水田づくり」だ。これは、アクセス道路建設でホタルが飛び交う水田を潰すので、その代わりに、人工的な水路を休耕田に作ってホタルを根付かせる免罪符的な事業。担当者は琵琶湖の研究機関から派遣された専門家で、先の加藤市議とこんな会話を交わしたという。

加藤氏「環境水田は上手くいくのか」

担当者「ダメだと思いますよ」

加藤氏「なぜ無意味と言わないのか」

担当者「地元住民団体（推進派）がこれでいいと言っていましたので」

万博関連工事で環境破壊をする一方で、効果不明の自然再生に励む。役人や業者や地主には「一粒で二度おいしい」話で、自民党や公明党の賛成で成立した自然再生推進法の先行例ともいえそうだが、納税者を全くバカにするものである。極めつけは、地震対策よりも万博を重んじていることだ。加藤市議はこう語る。

「東海沖地震が数年以内に起きると予知されているため、愛知県では地震対策が急務です。しかし瀬戸市では万博関連予算が聖域扱いされたツケで、校舎の耐震性を強化する予算がカットされ続けています。万博は子供たちの命より重いのです」

●詐欺紛いの愛知万博のルーツ

人間軽視の開発至上主義に「環境」の美名を塗りたくったような愛知万博――葬り去るべき二〇世紀の遺物は、どうやって墓場から息を吹き返したのか。この謎を解く手がかりが、長野県知事になる前の田中康夫氏の発言だ。

話は、万博開催が危ぶまれていた二〇〇〇年四月に遡る。「愛知万博は自然破壊につながる大規模開発の隠れみの」というＢＩＥ（博覧会国際事務局）議長の批判をスクープした『中日新聞』の記事が出て、「海上の森」の跡地利用をする「新住宅市街地開発」の白紙撤回が必至となった頃のことだ。

四月十八日、帝国ホテル。田中康夫氏は万博開催派の故・岩垂寿喜男元環境庁長官（日本野鳥の会副代表）に向かってこう進言した。「是が非でも地元が愛知万博開催を望むなら、藤前干潟の周囲の平成枯れスス キ状態の埋立地を会場とすべきでは」。

田中氏が示した開催容認のハードルは、万博賛成の民意と埋立地への会場変更。住民投票での了承が条件の「脱・海上の森会場案」といえる。

一方の岩垂氏は、田中氏の提案と相容れない「国営公園化構想」を推進していた。これは「海上の森を守り、環境教育の場とするために国営公園化を進める。そのためには海上の森を会場とすることが必要」というもの。先の吉見教授は「妙策」と絶賛したが、地元の環境団体は「海上の森を守る方法は国営公園化以外にもあるはず。海上の森を会場にして環境破壊を招くことはない」と反論、田中氏も「夢想」と一刀両断にした。

「良くも悪くも『単なる』里山以上でも以下でもない海上の森は、自然保護運動が勝ち取った記念碑としての保全に留めるべき。それ以上の『価値』は、夢想でしかない」（『噂の真相』二〇〇〇年七月号）

しかし三カ月後の七月、万博検討会議は「海上の森会場縮小案（主会場は青少年公園）」で合意した。田中氏の提案ではなく、岩垂構想に軍配を上げたのだ。そして二年後。検討会議のお墨付きをもらった愛知万博はゾンビのごとく復活、自然豊かな東部丘陵地帯に姿を現わし、「環境博のための道路やゴンドラを」と叫びつつ、海上の森周辺を踏み荒らし始めた。環境の専門家からは「海上の森が会場でなければ」という怨嗟の声が出るほどで、目の前の現実が田中提案の先見性（検討会議の読みの甘さ）を証明した形だ。

しかも検討会議の結論は、海外では当たり前の住民投票抜きで決まったものだった。ちなみに前回のハノーバー博は賛成が反対を若干上回って開催、前々回のウィーン博は反対が上回り中止された。愛知万博でも住民（県民）投票を求める署名が三一万人も集まったが、愛知県議会は「検討委員会で話し合っている」ことなどを理由に拒否、谷岡委員長も「（住民投票に対し）一定の知識や情報を持つ人がそうでない人と同じ一票というのも無理はある」（二〇〇〇年七月二十六日付『朝日新聞』）と県民蔑視発言で同調した。

この谷岡委員長について、先の吉見教授は「検討会議で『二一世紀の扉を市民自身の手で開けねばならない』という見事な演説をした」と絶賛しているが、実は、市民の意思表示の機会を奪い、特権的な委員だけで万博開催を既成事実化させた張本人であったのだ。こうして「環境」の美名で粉飾された愛知万博は住民投票も位置変更もされないまま、開催に向けて暴走を続けているのだ。

●トヨタのしたたかな環境戦略

この欠陥商品のような愛知万博を熱心に推進する超一流企業がある。名誉会長の豊田章一郎氏が万博協会会長を務める「トヨタ自動車」だ。

なぜ、欠陥商品を最も嫌うはずのトヨタが欠陥だらけの愛知万博を推進するのか。この奇妙な行動から見えてくるのは、トヨタのしたたかな企業戦略だ。実は、トヨタは自社にとって開発必須の「ITS（高度道路交通システム）」の実験場として万博を位置づけていた。トヨタの磯村巌副会長はこう語る。

「ITSはどこかで実験しなければならず、どうせやるなら万博でやった方がプラス。国などからの補助金も出るだろう」（二〇〇〇年九月一日付『中日新聞』）。

ITSとは、簡単に言えば、道路や車にIT（情報通信技術）を組み込んだ「道路版IT」。導入目的は交通事故半減や渋滞解消やCO_2削減とされ、その種類は多岐にわたる。たとえば、料金所をノンストップで通過できる「自動料金支払いシステム」（ETC）、渋滞や交通規制や目的地までの所要時間をカーナビに表示する「道路交通情報通信システム」（VICS）や走行時の安全性を向上させる「走行支援システム」（AHS）などである。そして集大成と言うべき「スマートウェイ」（次世代道路）には、路車間の通信システムや各種センサーや光ファイバーネットワークが組み込まれる。

このITSを国家的イベントに乗じて進める――このトヨタの戦略は今に始まったことではない。実は、長野五輪も「近未来のITS構築に向けた壮大な実験場」（一九九八年二月十三日付『信濃毎日新聞』）とトヨタは位置づけ、「道路交通情報システム」の試行をしていた。長尾哲I

TS企画部長は「車の情報化は今後の開発競争の焦点になる。二〇〇五年愛知万博ではさらに進歩した交通社会を示したい」(同前)と意気込むほどで、何と五年も前から愛知万博を視野に入れていたのだ。

このトヨタの長期戦略に沿って、事は着々と進んでいた。磯村発言の五日前、二〇〇〇年八月二十六日付『中日新聞』は、国の補助金が出る見通しであることをこう報じた。

「中部地方建設局(注・現在の「国土交通省中部地方整備局」)は二五日、二〇〇一年度政府予算案の概算要求の内容を発表した。愛知万博や中部国際空港の周辺道路を効率的に使うため、携帯電話やカーナビの画面表示で、シャトルバスの運行時間や道路の渋滞状況などを知らせる高度道路交通システム(ITS)を構築することを盛り込んだ。(中略)周辺の有料道路には自動料金収受システム(ETC)を設け料金所の渋滞を解消することも考える」

つまりITSは、トヨタと国土交通省が二人三脚で推進する国家的プロジェクトであり、その牽引車が愛知万博ということなのである。

●万博が進める空港・アクセス道路・ITS化の三点セット

それでは、愛知万博がトヨタにどのようにしてメリットをもたらすのか。地図を見ながら確かめていこう。

図6　トヨタと国土交通省、二人三脚の証？

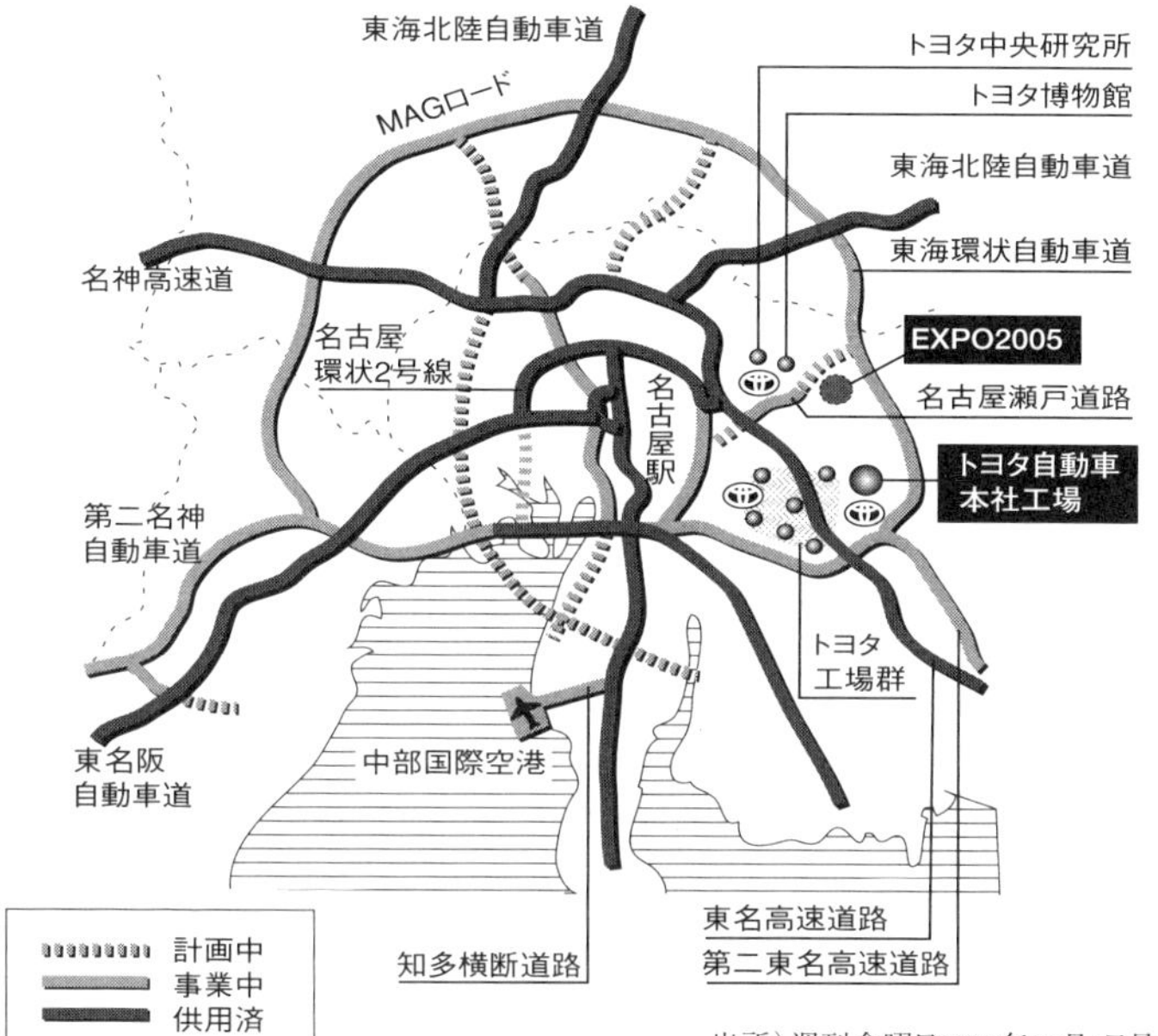

出所）週刊金曜日2002年10月4日号

図6は、「国土交通省中部地方整備局」が出した全面広告の道路地図（二〇〇一年一〇月二十二日付「日本経済新聞」）に、トヨタの関連施設を書き加えたものだ。

まず中部国際空港は、海外からの集客を見込む万博の「空の玄関口」だ。現在、名古屋駅の南に約三〇キロの常滑沖で二〇〇五年の万博開催に間に合うように急ピッチで工事が進んでいる。なお建設と経営にあたる「中部空港会社」の社長は、トヨタ出身の平野幸久氏である。

一方、万博会場は名古屋駅の東に約二〇キロの東部丘陵地帯に位置する。中部地方整備局によると、「海外からの来賓者は直接会場に行く場合もあれば、名古屋駅周辺のホテルに向かう場合もある」ため、空港と名古屋駅と万博会場を結ぶ三角形周辺のアクセス道路整備が進められている。地図で「事業中」と表示してあるのが工事路線で、「知多横断道路」、「名古屋環状2号線」、「名古屋瀬戸道路」（西側からのアクセス道路）や「東海環状自動車道」（東側からのアクセス道路）がこれに当たる。ちょうどトヨタ関連施設（本社工場・博物館・中央研究所・工場群）が集中する地域を、アクセス道路が取り囲んでいることが見て取れるのだ。

しかも空港から会場に通じる道路は、ＩＴＳを結集したスマートウェイとなり、料金所にはＥＴＣが設けられることになってもいる。

つまり万博開催が起爆剤となって「中部国際空港の建設」、「アクセス道路の整備」と「関連道路のＩＴＳ化」が一気に進むのである。トヨタのお膝元のインフラ整備が進むと同時に、長期戦略に欠かせないＩＴＳの推進にもなるというわけだ。税金で企業活動の費用を一部肩代わりしてもらえるトヨタが万博賛成なのはこのためだろう。

●ＩＴＳに群がる道路至上主義者たち

この税金流用を可能にしているのが、「ＩＴＳは人と環境に優しい技術で、公益性がある」

という見方である。しかし、これは車社会（道路中心）を前提としたトヨタや国交省の我田引水的な解釈にすぎない。ＩＴＳの導入目的は渋滞解消や事故低減やCO_2削減がとされるが、別に路面電車などの鉄道整備でも達成可能であり、実際、ヨーロッパは「脱・車社会」を目指し鉄道へのシフトを強めている。

しかもＩＴＳ導入の費用対効果も疑わしい。二〇〇二年四月十七日の内閣委員会で北川れん子衆院議員（社民党）は「ＥＴＣは高速道路の料金所周辺の渋滞を解消するだけで、全体としてどれだけ効果があるのか」と指摘した。実際、渋滞が深刻なのは一般道の方だ。

また交通事故半減が目的といっても、次世代道路「スマートウェイ」が先行導入されるのは「第二東名と名神等」である。交通事故が少ない高速道路をＩＴＳ化するよりも、事故が多発する一般道の改善に金を投じた方がよっぽど効果的に違いない。

費用対効果が疑わしいＩＴＳを国をあげて推進する公益性はあるのか。むしろ利権狙いのためと見た方がいい。道路担当の記者はこう語る。「投資効果が六〇兆円ともいわれるＩＴＳには国土交通省・総務省・警察庁・経済産業省が関係していますが、自民党も『ＩＴＳ推進議員連盟』なる族議員集団をつくり、予算や利権の獲得合戦に加わっています」。

「（財）道路新産業開発機構」が発行する「ＩＴＳハンドブック」の冒頭には、この四省庁を代表する形で国土交通省大石久和道路局長が写真付きで登場し、ＩＴＳの早期構築を訴えていた。大石局長と言えば、霞ヶ関では〝道路至上主義者〟として知られ、また道路族のドン・古賀誠議員の懐刀として道路公団改革骨を抜きにするとされる「上下分離案」を作り上げたことでも有名である。

そんな道路至上主義者が推し進めるＩＴＳの真の狙いは、「環境と人に優しいＩＴＳ」をうたい文句に道路関連予算を獲得し、道路族に献金する建設業者を潤わせ、同時に天下り先を確保することではないか。実際、歴代の道路局長はＩＴＳ推進の財団法人に天下っていた。たとえば、道路局長から建設事務次官に登り詰めた尾之内由紀夫氏は、道路公団副総裁と本州四国連絡橋公団総裁を歴任した後、「（財）道路新産業開発機構」（豊田章一郎会長）の理事長となっており、同じく推進機関である「（財）国土技術研究センター」の井上啓一理事長も道路局長経験者という具合である。

小泉政権は愛知万博の開催を後押しし、ＩＴＳも国を挙げて推進する方針である。多額の金を投じて道路をＩＴで高規格化させ、トヨタや国土交通省道路局や道路族らが望む道を突き進もうとしているのだ。

しかも万博開催の赤字の負担先（割合）について万博協会も愛知県も「赤字にならないよう努力中」と答えるだけ。公的資金で環境問題に取り組める人たちには天国だが、彼らの出費のツケを回される納税者はたまったものではない。万博撤退の意見広告を出したグループはこう批判する。「愛知万博はトヨタ万博と揶揄されている。博覧会協会会長に豊田章一郎・トヨタ名誉会長が就任し、采配を振るっている。他に、日経団連会長、中部新空港社長、名古屋商工会議所会頭などにトヨタの役員を派遣し、〝万全の支援体制〟を敷いている。ついでに赤字の責任もとってもらいたいものだ」。

だが二〇〇五年の開催を目前に、既成事実化した万博を止められるのか。いくつかの手段は残されている。一つは、BIEがもっとも懸念していた万博参加企業に対する不買運動。国際的環境団体とも連携、「トヨタの実験で削り取られる里山」などと世界中に発信、〝環境破壊博〟に参加する企業に圧力をかけるというわけだ。

もう一つは国会論戦。野党が団結して「アメリカには万博への政府の出資を禁じた法律がある。トヨタへの利益供与の疑いもあり、愛知万博予算は削減すべき」などと小泉首相に論戦を挑むというわけだ。

なお豊田章一郎名誉会長は多忙を理由に取材拒否。トヨタ自動車広報部は「豊田章一郎名誉会長が万博協会の会長になったのは、経団連の会長が就任するという慣例に従ったため。万博は環境問題を解決するための国家的事業で、その主旨にトヨタも賛同して協力。環境破壊博とは見てはおらず、トヨタのITS推進のためとも思っていない。旧通産省出身の官僚が四人入社し一人は常務だが、万博とは関係がない」と答えた。

読者通信

今回のご
購入書名

ご購読ありがとうございました。

◎本書についてのご感想をお聞かせ下さい。

◎本書の誤植・造本・デザイン・定価等でお気付きの点をご指摘下さい。

◎小社刊行図書ですでにご購入されたものの書名をお書き下さい。

購入申込書

小社刊行図書を迅速確実にご入手いただくために、このハガキをご利用下さい。ご指定の書店あるいは直接お送りいたします。直接送本の場合、送料は一律三一〇円です。

書名	定価	ご注文冊数
	円	冊

ご氏名

ご住所

☎

［書店様へ］お客様へご連絡下さいますようお願い申しあげます。

取次店番線
この欄は小社で記入します。

ご指定書店名

同書店所在地

郵便はがき

料金受取人払

本郷局承認

45

差出有効期間
2005年1月
19日まで
郵便切手は
いりません

113-8790

緑風出版 行

117

(受取人)
東京都文京区本郷
二-二七-五
ツイン壱岐坂1F

ご氏名

ご住所 〒

☎ (   ) E-Mail:

ご職業/学校

本書をどのような方法でお知りになりましたか。

1.新聞・雑誌広告（新聞雑誌名 ）
2.書評（掲載紙・誌名 ）
3.書店の店頭（書店名 ）
4.人の紹介 5.その他（ ）

ご購入書名

ご購入書店名 所在地

ご購読新聞・雑誌名

このカードを送ったことが 有・無

第二部

「道路公団改革と郵政公社化」の挫折

第六章　道路公団改革の挫折——再開した「仏経山トンネル工事」

一　赤字路線建設の凍結が不可欠

観光シーズンや帰省ラッシュの季節になると、頭に来るのが一般有料道路を含む高速道路料金のバカ高さだ。家族サービスで東京湾アクアラインを使えば、往復六〇〇〇円。帰省で東京から大阪・西宮間を走れば、最短で一万一八五〇円（乗用車での首都高速→東名→名神のルート）。ガソリン代は三〇〇〇円から四〇〇〇円かかり、約一万五〇〇〇円の出費である。

一方、東京から新大阪間の新幹線の運賃は、乗車券と特急券合わせて一万四〇〇〇円で、自分で車を運転する疲労度も考慮するとその差は歴然だ。しかも、高速道路は一〇キロ、二〇キロの渋滞は当たり前だ。しかもダイヤ通りに運行しなかった場合、特急料金を払い戻してくれるケースもあるJRと違い、日本道路公団はどんなに渋滞しても高速料金を返してくれない。サービスエリアに入れば、レストランは長蛇の列で、しかも高くてまずい食事にしかありつけないことばかり。まさに日本道路公団は「高い、遅い、まずい」の三拍子がそろっている。それにしても利用者との約束だった「料金の無料化」どころか、料金値下げすら実現しないのは、どういうことなのか。我々が支払っているバカ高い高速料金は、どこに消えたのか。こうした利用者の疑問こそ、道路公団改革の出発点のはずである。そして各地の問題路線を走ってみると、その答えが見えてくる——。

●日本一通行料が高い東京湾のアクアライン

神奈川県川崎市と千葉県木更津市を結ぶ「東京湾アクアライン」は、一キロあたりの通行料が日本一高いことで有名だ。実際に走ってみると、バカ高さを実感できる。

首都高速道路から臨海副都心を横目に湾岸道路に入ると、十五分ほどでアクアラインの入口「浮島」（川崎市）に着く。ここからは約一〇キロの海底トンネル。がら空きの片道二車線を制限速度八〇キロで抑え気味に走っても、わずか十分ほどでトンネルから抜け出る。そこが、人工島「海ほたる」だ。ここから川崎側にUターンしても、対岸の木更津市に渡っても、料金は普通車で三〇〇〇円。どちらにしても、たった二十分の走行で三〇〇〇円も取られるのだ。

駐車場で車を止めて、エスカレーターで展望台に行くと、東京湾が一望できるパノラマが広がっていた。家族連れや団体観光客は大喜びしながら、カメラのシャッターを切っている。ガラス張りのレストランに入れば、海を眺めながらの食事ができる。行楽やデートスポットとしてはまずまず魅力的といえそうだが、それでも利用者の反応は今一つだった。

「行楽で初めて来ましたが、また来るかどうかは分かりません」（江東区在住の家族連れの父親）。「値下げしても、まだ高すぎます。千葉側から羽田に行くのには便利ですが、送迎で使えば、往復で六〇〇〇円。よほどのことでない限り、利用しません」（千葉県市原市民）。

対岸の木更津市に渡ると、近くの漁港で漁一筋五十年というAさんが船の手入れをしていた。声をかけると、「アクアラインの入口道路付近はこの辺で一番いいノリの漁場でした。でも『国の方針だから』と言われて漁業権を放棄したのです」と言って、湾を横断する橋を指さした。

もともとこのアクアライン計画は、一九八五年、「中曽根民活」の第一号として事業化が決定し、その十二年後の一九九七年に開通した。全長わずか一五・一キロの道路に投じられた総工費は一兆四四〇〇億円にも及ぶ。一キロ当たりだと一〇〇〇億円。これは、全国平均の約二〇倍という途方もない数字である。だが、巨費を投じた割に、効果は期待外れもいいところ。通行量は一日一万台程度に止まり、当初の予測「一日三万三〇〇〇台」（後に二万五〇〇〇台に修正）を大幅に下回った。

当初、通行料は現在の二倍程度になる予定だったが、「あまりに高すぎる」という声が続出、亀井静香建設大臣（第二次橋本内閣）の一声で四〇〇〇円に値下げされた。それでも効果は不十分で、二〇〇〇年七月、三〇〇〇円に再び値下げをして、交通量は三割増となったが、料金収入は横這い状態で、赤字体質に大きな変化はなかった。

一九九九年の決算書を見ると、料金収入が年間約一四四億円に対し、金利返済や維持管理費などの支出は年間で四五九億円にも達し、年間三一五億円の赤字であった。一兆四四〇〇億円をかけて〝行楽施設〟を造ったツケは、一日一億円弱の損失として国民に跳ねかえって来ているのだ。

●日本一交通量が少ない北海道の〝宗男道路〟

「北海道横断自動車　十勝清水〜池田ルート」にも行ってみた。この道路は、日本一交通量が少ない高速道路として知られる。日本一になるのは理由がある。片側二車線の国道三八号線がほぼ並行して走っており、その気になれば一〇〇キロは軽く出せる。それに比べ有料の高速道路は片側一車線で、制限速度は七〇キロである（将来、片側二車線にする用地は確保してある）。地元住民は「下の国道を走っても十分も違わない。高速道路は信号がないこと位がメリットで、地元の住民が高速料金（二一〇〇円）を払って使うことは、ほとんどありません」と言い放つ。

問題の高速道路は、帯広市から日高山脈に向かって一直線に延びていた。全長は五〇キロ。周りにはじゃがいもやビートや小麦の畑が広がり、路肩には「動物横断注意」の看板が立っていた。後ろから車が来ないことを確認すれば、車を止めて写真撮影をすることも簡単だ。対向車とすれ違うのは一分間に一回あるかないか。交通量の少なさは歴然としていた。

なぜここに高速道路を造ったのか。誰もが抱く疑問を、帯広市役所都市計画課の春木繁昭課長にぶつけてみた。「みなさん同じ質問をなさいます。『なぜこの区間（十勝清水～池田間）が独立した形で完成したのか』『どうして札幌方面から延長されて来なかったのか』と。私共も調べてみたのですが、理由が良く分からないのですよ」。

埒が上がらないので、地元の建設業者に解説してもらった。

「札幌方面から十勝地方（帯広市周辺）に車で来ると、急に道路が良くなることに気がつくでしょう。自民党元農水大臣の故・中川一郎さんと秘書だった鈴木宗男さんの政治力のおかげです。ここでは政治献金をして選挙応援をすれば、順番で仕事が回ってくる癒着体質も残っています」

実際、この話の通り道路整備の違いは歴然としていた。札幌から道東方面に向かうと、片側一車線の国道が続いた後、北海道を南北に縦断する日高山脈にさしかかる。道はカーブが多くなり、濃霧も垂れ込めてくる。対向車の黄色いランプが現われては横をすり抜けていき、やっとの思いで最高地点の峠を越えると、そこはまさに〝道路天国〟だった。

国道は片側二車線となって快適そのもので、並行して走る高速道路のオマケまで付いている。この道路整備の地域格差こそ、建設業者のいう政治力の証に違いない。

しかも、その政治力は消え去ってはいなかった。地元住民のBさんはこう語る。

「現在、北海道自動車道を東に延長する路線、通称、〝宗男道路〟が建設中です。ルートは『池田～足寄』間で、鈴木宗男衆院議員が生まれた『足寄町』と結ぶため、こう呼ばれています。政治路線と囁かれているのは、着工の順番が大半の住民の希望と食い違っているからです。地元の悲願は、帯広（十勝清水）と札幌（夕張）の間を一日も早く通すこと。途中の日高山脈を超える日勝峠は、夏は濃霧、冬は凍結で交通事故が多発するためです。それなのに優先度が格段に落ちる『池田～足寄』が先行しました」

この宗男道路は、武部勤・元農水大臣（諫早湾干拓事業の工事再開を命じた）の地元・北見市にまで延びる計画になっている。これについては、自民党の秘書でさえ首を傾げていた。「金丸信さんが現地に来て、北見から帯広の間の国道を走ったことがありました。平均時速が六〇キロ以上で走れたので、金丸さんは『ここには高速道路はいらないな』と言っていました（笑）」。

工事現場に足を運ぶと、政治路線にありがちな癒着の関係がさらに見えてきた。「道東へ時を、夢をスカイロード浪漫」という立て看板には、工事を請負った業者である「川田工業株式会社」が書き込まれていた。鈴木議員に献金していた地元の建設業者であった。

●島根県の〝竹下道路〟

似たような政治路線は島根県にもあった。「竹下王国」と呼ばれた島根県は一人当たりの公共事業費が全国一位であることで有名だが、意外なことに「幹線道路の整備は遅れている」と住民は口をそろえる。その象徴が、東西に細長い島根県を結ぶ国道九号線である。

「九州と関西を行き来するトラックが高速道路（「山陽自動車道」や「中国自動車道」）を避けて、この九号線に入ってきます。そのため国道九号線の細い峠道をトラックが行き交い、交通事故が多発し渋滞の原因になっています。住民の多くは東西の『山陰自動車道』がつながるのを強く望んでいますが、実際には、南北の『中国横断自動車道・尾道松江線』、通称、〝竹下道路〟が先に建設されることになっているのです」（地元経済人）

中国地方を南北に貫く高速道路には「浜田自動車道」（浜田～千代田）と「米子自動車道」（米子～落合）が既に開通しているが、東西には貧弱な国道九号線しかない。なぜ高速道路が一本もつながっていない東西路線ではなく、三本目の南北路線が先なのか。

「いわゆる政治路線です」と語るのは元民主党県連幹事長の樫原孝尚氏だ。

「尾道松江線は、竹下登さんの生まれ故郷・掛合町の近くにインターチェンジ（吉田掛合ＩＣ）が出来ることから、〝竹下道路〟と呼ばれているのです。地図を見ると、予定地に向かって路線がくの字形に曲っているのが分かるでしょう」

大物族議員の政治力によって、道路整備の優先順位の逆転が起きるのは北海道に限った話ではなかったのだ。

図6　島根から鳥取へ続くツギハギ道路

薄皮道路とツギハギ道路

薄皮方式とは、道路建設のほとんどを税金で作りながら、舗装費用程度だけ道路公団が拠出する方式。これだけで、道路公団は利用料金を徴収することができる道路になる裏技だ。山陰自動車道は無料のバイパスと有料道路が交互にツギハギになっているため、有料道路を嫌うトラック運転手などは国道9号とバイパスを乗り換えながら無料で走ることになる。

方法（事業主体）	高速自動車道路（公団）有料	松江バイパス（国）無料	一般有料（自動車専用）（公団）有料	米子バイパス（国）無料	一般有料（自動車専用）（公団）有料
建設費（公団分）	520億円（全額公団）	―	1120億円（公団負担130億円）‖ 薄皮方式	―	300億円（公団負担27億円）‖ 薄皮方式
交通量	5500台／日	21000台／日	9100台／日	23000台／日	3600台／日

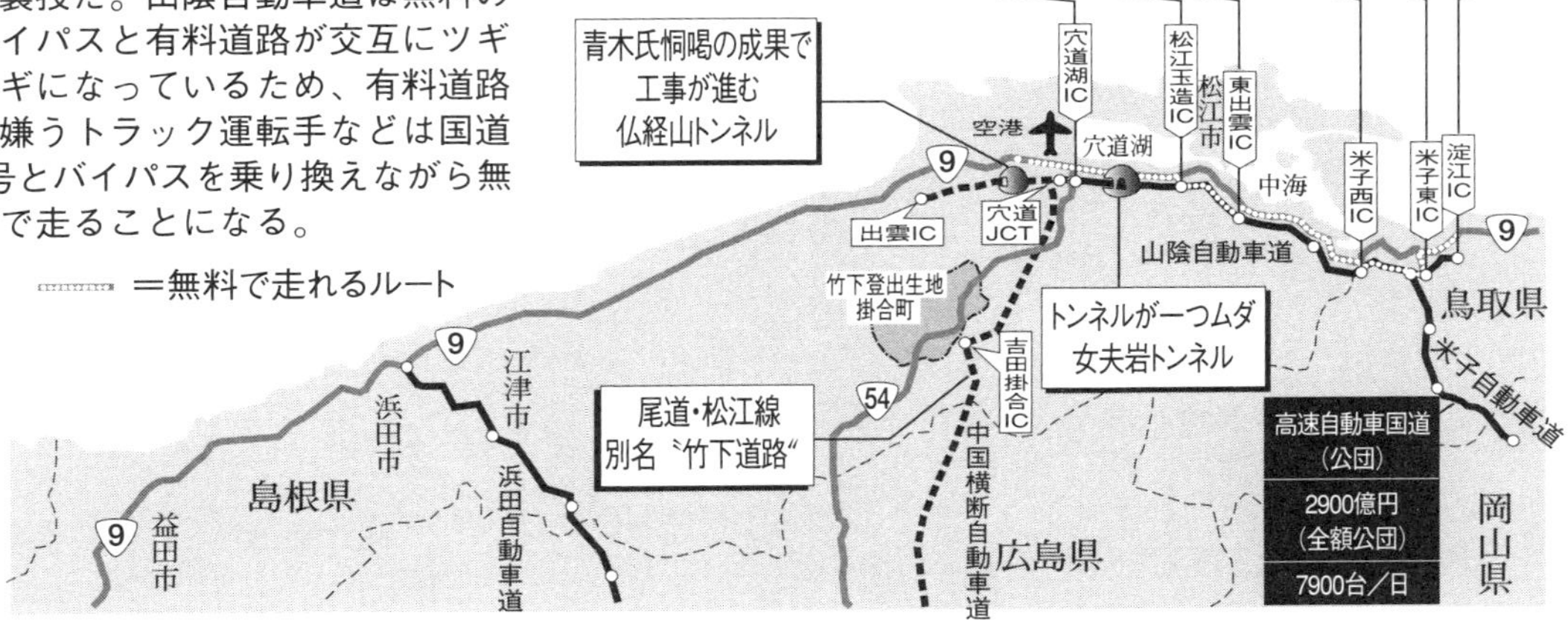

出所）『週刊金曜日』2002年12月10日より作成

●無視される利用者の声

日本一料金が高い「アクアライン」と日本一交通量が少ない「北海道横断道路」を走ると、自民党の族議員こそが諸悪の根元であることがよくわかる。バカ高い高速料金は、族議員が進めた赤字路線建設とその借金返済に回されているのだ。なぜ、こんなデタラメがまかり通ってきたのか。ここで道路公団の歴史を簡単に辿ってみよう。

道路公団は、財政投融資という国営銀行（主に郵便貯金が元手）から金を借りて高速道路を建設し、料金収入で借金返済をしていく。そして一九五七年にスタートした日本初の名神高速道路計画では、三十年の返済が終了すれば、高速料金は無料にする約束になっていた。

ところが一九七二年に「全国プール制」が導入された。これにより、黒字路線（東名高速道路など）の料金収入を他の高速道路建設に回せることになった。同時に、料金無料化の時期も、四十年、五十年へと延ばされた。

利用者の失望をよそに歓喜したのが、利益誘導型の族議員たちだ。「わが故郷（選挙区）に高速道路を造って」と言いながら、プール制を利用しまくったのである。無料化の約束を先送りすることで浮いた莫大な料金収入を使って、採算性を度外視した高速道路建設ラッシュを各地で始めたのだ。(注1) 族議員のやりたい放題の結果が、赤字路線と道路公団の莫大な借金である。バ

四車線用にトンネル口を二つ造ったが、交通量が少なく、片一方しか使っていない「女夫岩トンネル」（山陰自動車）。

カ高い高速料金の約八割が、借金返済分であるのはこのためだ。

運送会社の社長で秋田県トラック協会の石田哲治会長はこう語る。

「政治家は『高速道路を造れば、物流が向上する』とメリットを強調しますが、実態を知らない人の戯言です。例えば、秋田と仙台間の運送費はバブル期は七万円でしたが、今では五万円にまで下がり、しかもトラック業界は利益率二～三％で鎬《しのぎ》を削っているので、高速道路を使わずに夜間に国道を走って行きます。秋田と仙台間の高速料金は八七五〇円で、高速道路を使ったら完全に赤字になるからです」

莫大な建設費をかけて高速道路を造りながら、トラック業界をはじめとする利用者にそっぽを向かれている。これでは交通量が低迷して赤字路線となり、借金が雪だるま式に膨らんでいくのは当然だ。

このことを数字で見事に物語っているのが、島根県のつぎはぎ道路である。「山陰自動車道（宍道〜松江玉造）」を鳥取方面に走っていくと、無料道路と有料道路がつぎはぎ状態になっていることに気がつく。しかも同じ一本の道路なのに交通量が無料部分と有料部分で倍以上の差がある（表6）。有料道路を嫌い、無料道路だけを利用する車が多いということだ。

「行革推進700人委員会」代表世話役の水野清・元建設大臣はこう語る。「この数字は、高速道路を作って建設業者に工事代金を与えることが目的となり、高速道路の利用効果が二の次になっていることを物語っています。千葉でも鉄鋼メーカーの鋼材を運ぶトラックは高速道路を避けて一般道を走っていますが、不況で荷主が高速料金を運送業者にもたせるからです。利用率が低い高速道路はこれ以上作るべきではありません。財政投融資からの借金で高速道路を造る『道路公団方式』は限界、必要な道路は道路財源という目的税で作ればいいのです」。

●道路族を抑えて改革断行を

まさに正論だろう。実は、これこそ石原大臣が発した「脱・高速道路宣言」（「はじめに」で紹介）であるのだ。これを断行すれば、料金が高く利用率が低い高速道路が建設されることがなくなり、四〇兆円もの借金は次第に減少していくのは言うまでもない。これまで道路公団方式と税金方式で進んできた道路整備はスローダウンするが、無駄を省くことで対応すればいい。例えば、族議員の政治力を排除し、住民のニーズに沿って路線の優先順位を決めることが考えられる。北海道なら〝宗男道路〟よりも札幌方面の延長を最優先、島根県なら、〝竹下道路〟（総事業費は約五〇〇〇億円）は当分凍結、東西の山陰自動車道に集中投資という具合である。

また道路公団の画一的な四車線を見直すことも有効だ。山陰自動車道には「女夫岩トンネル」という奇妙なトンネルがある。トンネル口は二つあるが、車が通っているのは片一方のみ。道路公団の規格は四車線なので一本で二車線のトンネルを二つ掘ったが、交通量が少ないので片方しか使っていないのだ（片側一車線の通行）。「閉じた方は未来永劫使われることはないだろう。最初から片側一車線で造っていれば、トンネルは一つで済んだ」と住民は冷ややかに話すが、道路公団の全国画一的な規格も非効率な道路整備の一因であり、地域の交通需要に見合った最低限度のレベルにすれば、建設費用の大幅なコストダウンにつながるのは確実なのだ。

解決策は明白で、小泉首相が進むべき道は明らかだった。しかし小泉改革の一丁目一番地のはずの道路公団改革は、道路族の恫喝によってあえなく挫折してしまうのだ。

表6　無料道路と有料道路の交通量

路線	有料／無料	交通量
米子自動車道	有料	7,900台/日
米子バイパス	無料	23,000台/日
安来道路	有料	9,100台/日
松江バイパス	無料	21,000台/日
山陰自動車道	有料	5,500台/日

注1　高速道路建設ラッシュについて

「道路公団方式」の問題は、水増しした交通量需要を元に財投資金がつぎ込まれ、不良資産と化すことだ。水野清氏はこう語る。「交通量予測の手口は、国交省道路局が県の土木部に『〇月〇日に交通量調査をやる。頼むよ』と電話し、県の土木部は市町村の土木担当者に『交通量調査をやるから、動員をよろしく』と頼み、役場の車を走らせて需要を水増しするというものだ」。

二　再開された「仏経山トンネル西工事」

羽田空港から約一時間、島根県に向かう飛行機が高度を下げ始めると、夕陽で有名な中海・宍道湖が眼下に広がってくる。出雲空港は松江市と出雲市のほぼ中間。そこから、中国山地に端を発する斐伊川沿いに車を走らせると、突然、山肌に巨大な工事現場が現われる。ビルの高さほどの橋げたが組まれ、切立った斜面に重機が取り付いている。松江玉造～宍道間の高速道路「山陰自動車道」を出雲まで延長する、この「仏経山トンネル西工事」（約二三億円）こそ、道路公団改革の挫折の象徴であり、「竹下登の全てを引継いだ」とされる青木幹雄自民党・参院幹事長の口利き疑惑の震源地でもある。

十一月の寒風が吹きすさぶ現場を歩くと、「飛島建設・あすなろ建設　共同企業体」の看板の脇に「仮桟橋工事　フクダ」（所在地は斐川町）と書いてあるのを見つけた。

〈フクダか！　談合情報通りの業者が下請けに入っていたのだ！〉

話は小泉政権発足当時にまで遡る。「聖域なき構造改革」を掲げる小泉首相がまず手をつけたのが道路公団改革。すぐに石原伸晃行革担当大臣が「脱・高速道路宣言」を発し、採算性の悪い高速道路は建設凍結、地方にとって重要な路線は税金投入すべきと明言した。

政権発足から半年後の二〇〇一年十一月二十七日、小泉首相は道路公団への国費三〇〇〇億円の投入中止を決定し、翌十二月、一三本の工事発注（総額約二〇〇億円）が延期された。この中に仏経山トンネル西工事も含まれていたのだが、これに青木氏ら道路族が「なぜ俺のところなのか」と猛反発、一カ月後、道路公団は発注延期の解除をしてしまった。

「若い世代に借金をつけ回す犯罪的行為」と批判するのは民主党五十嵐文彦衆院議員だ。「道路公団は赤字確実路線から一三本を選りすぐって発注を延期したのだから、不良資産と化して借金返済が遅れるのは確実です」。

この時、改革の挫折に抗議するかのように永田町界隈に流れたのが「藤井（治芳・公団総裁）メモ」だ。それは、道路族の鈴木宗男顔負けの恫喝ぶりを記録したものだった。

「12月20日9：15　青木事務所から電話。秘書と称するが、青木本人の声。総裁に対し、

1）公団に会う気はない。
2）文書で理由を説明しろ。
3）それが遅れるようなら議員調査権で正式に調べる。
4）この件では公団と戦う（中略）。
16：40　古賀誠（自民党道路調査会会長）から電話。『凍結するとはけしからん。俺は凍結させないと今まで言い続けてきた。公団は俺の顔を完全につぶしたことになる。資料をもって説明にこい』」

先の五十嵐議員は「道路公団が詳細なメモを作ったのは検察への提出を前提にしていたためだろう。外務省が宗男切りに動いたように、道路公団も族議員の介入を排除したかったのではないか」と語る。

同じ頃（二〇〇二年一月下旬）、民主党に談合情報が書面で届いた。「仏経山トンネル西工事については、すでに談合によって青木幹雄参院幹事長の有力幹部が社長をしている『（株）フクダ』と『東亜建設工業（株）』の共同企業体（ＪＶ）が落札することが決まっている」との内容だった。すぐに民主党は調査団（団長は木下厚衆院議員）を現地に派遣、「フクダ」の専務から「東亜建設工業からの呼びかけでＪＶを組んだ」と聞き出し、談合の仲介者がいるとの感触をつかんだ。そして二〇〇二年二月十四日、青木氏を斡旋利得処罰法違反の疑いで告発。「国会議員が公務員に職務上の行為をさせるように斡旋し、財産上の利益を収受する行為」に該当すると考えたためだ。しかし東京地検は書類の不備を理由に告発を受理しなかった。

●なぜ青木氏は逮捕されないのか

奇妙な話ではないか。

鈴木宗男議員は「やまりん」から五〇〇万円の献金をもらい、林野庁に口利きをしたとして逮捕された。青木氏も「フクダ」から献金を受け、道路公団に恫喝的な口利きをした後、工事は凍結解除になり、フクダは下請けに入った。役人に働きかけて献金業者が利益を受けた構造は同じなのに、なぜ鈴木議員は逮捕され、青木氏は逮捕されないのか。

しかもフクダの献金額は表7に記す通りで、扇千景大臣が「大変な金額」と驚いたほどだった。なお国民政治協会は自民党への献金の受け皿だが、中には議員個人へのひも付き献金も含まれているといわれているものだ。

フクダに献金の趣旨を聞こうとしたが、取材を拒否された。別の業者にあたると、こんな話をしてくれた。

表7　フクダの献金額

	国民政治協会	青木後援会
98年	612万円	50万円
99年	512万円	50万円
00年	512万円	100万円
01年	512万円	100万円
合計	2,148万円	300万円

「青木さんをはじめ自民党国会議員に献金するのは、県内の公共事業のパイを増やしてもらいたいからです。十一月二十一日に竹下亘さん（島根二区）のパーティが東京であり、我が社も頼まれ数十枚買取りましたが、『パーティ券は東京で三割、島根で七割さばいた』という話です。業者の大半は飛行機代まで払って上京しませんから、実質的には献金と同じです」

もちろん「献金は政治活動を支えるためで、公共事業とは無関係」（出雲市の「中筋組」）という業者もいたが、常識的に考えれば、献金と公共事業がギブアンドテイクの関係にあるのは明らかだ。とすれば、青木氏は「県内の公共事業を増やして下さい」との請託を献金の形で受け、県内の公共事業が減ることになる道路公団の発注延期に対し「何で俺のところなのか」と恫喝的な口利きをしたと考えられる。斡旋収賄に該当する可能性は高いのではないか。

また建設業者は「談合は日常茶飯事」とも語る。民主党の報告書を示すと、「こんなこと（東亜建設工業からの呼びかけでJVを組んだ）までフクダは話したのか」と驚き、こう続けた。

「仏経山トンネル西工事も談合です。マスコミ沙汰になって本命の差替えがあり、談合情報とは違う業者が落札（入札日は〇二年三月十九日）しただけです。中国地方の公共事業で一〇億円以上の物件は広島の大林組のM氏が仕切っています。島根県内のゼネコンは鴻池組と森本組（二社だけ支店で他は営業所）がまとめ役で、一〇億円以下の県内工事は今岡工業が調整役。表の島根県建設業協会会長は都間土建、裏の顔は今岡工業というわけです。

青木幹雄さんは談合に直接は関わらないが、弟の青木文雄さん（元秘書）が兄の威光を背景に影響力を及ぼすことがあるらしい。二〇〇二年の春、文雄氏は秘書を辞めたが、コンサルタント会社（東京都千代田区麹町）の取締役は辞めておらず、政治的拠点は残っています。ただ大林組のM氏は『建設業界で本命を決める』という考えで、青木兄弟とは犬猿の仲。業者が献金をして政治力で無理やり本命になっても、周りの業者から反発を買い、長期的にはマイナスになります」

談合が当たり前ということは、献金業者に仕事が回るように調整できるということである。青木氏が建設凍結に反発したのは、献金・口利き・談合がセットになった「工事費の還流システム」を守りたかったためではないか。青木氏の口利き疑惑は深まるばかりだ。

●道路族君臨の弊害

仏経山トンネル事件から約一年後の〇二年十二月六日、小泉首相自ら人選した民営化推進委員会は建設抑制を盛り込んだ最終報告案を提出した。しかし民営化推進委員会が発足し、半年にわたる議論を繰り広げたが、この間、小泉首相が赤字路線建設を凍結したことはない。建設推進ありきの道路族の恫喝により、公団改革は実行段階に入ることなく、問題解決は先送りされているままなのだ。経営コンサルタントの大前研一氏は、こう批判する。

「民営化推進委員会は、道路族の手の平の上で委員が踊る茶番劇の舞台と言っていい。改革派役の委員と抵抗勢力役の委員が民営化論議を進めることで道路公団改革が進んでいるような印象を与える一方、道路族が一番嫌がる建設凍結を忘れさせる役割をするからです。道路公団改革の最優先課題は、採算性の悪い高速道路建設をストップすることです」

族議員が嫌がる建設凍結を先送りしながら、「民営化」「民営化」とお経のように繰り返す小泉首相は〝民営化原理教〟の教主と呼ぶのがぴったりだ。「民営化さえ実現すれば、道路公団改革は成功。ばら色の未来が訪れる」という幻想を振りまいているわけだが、これがデタラメであることは、国鉄がJRに分割民営化された後も九州新幹線のような無駄な新幹線計画が続いていることからも明らかである。先の大前氏は「小泉首相の決定的誤りは国鉄民営化を成功と勘違いし、これを手本に民営化を進めようとしていること」と一刀両断にする。

「小泉首相は国会で『民営化を目指すのなら株式上場を目指す』と訴えていますが、（道路公団など関係四公団が抱える）四〇兆円もの借金を背負って一からスタートする民間企業などありえない。道路公団を民営化した新会社が軌道に乗るには、莫大な借金を切り離し国民にツケ回しする必要があります。民営化自体は借金の付け替えにすぎないのです」

民営化は無駄な公共事業を止める有効な処方箋とは言いがたい。結局、「仏経山トンネル事件」に立ち返って口利き疑惑を徹底的に追及、青木氏らの道路族の〝恫喝天国〟に終止符を打った上で、建設凍結を断行することが不可欠なのだ。

いかがわしい新興宗教の教主のような小泉首相に騙されてはいけない。

第七章　聖域だらけの郵政改革

「名前の部分さえ黒塗りにしてもらえれば、そのまま出しても結構です」

日本郵政公社の発足が目前に迫った三月上旬、東京都内の喫茶店。郵便局に勤続四十年のMさん（五十八歳）は、かばんの中からB4サイズの資料を取り出し、テーブル越しに差し出した。文書の表題は「施策商品チャレンジ目標」。郵政OBの天下りのためといわれる「ふるさと小包」などの販売目標と実績などを書き込む一覧表である。縦の欄にはMさんが所属する集配課の班員の名前、横の欄には四季折々の「ふるさと小包」の商品名が並んでいる。

「この前までは『鍋自慢　銘酒自慢』、そして四月からは『めんグルメ（春）』に取り組んでいます。チャレンジ目標は年度ごとに作成しますので、来年度の目標は今から決めていくんです」

よどみない説明に、私は思わず〝待った〟をかけた。

「四月から郵政公社になるのに、『ふるさと小包』は廃止されないのですか」

「そんな話は全然ありませんよ」

小泉構造改革の目玉、郵政改革の具体的な姿が見えてきた。二〇〇三年四月一日、日本郵政公社が発足したのである。小泉首相が「民営化の一里塚」と言った通り、郵政公社は役所と民間企業の中間的な存在で、官と民の二つの顔を持つ。職員の地位は公務員のままだが、民間の効率的な手法も取り入れる。ユニバーサル・サービス（採算性の悪い地域を含む全国津々浦々への集配）を維持しつつ、郵便・郵便貯金・簡易保険の「郵政三事業」の独立採算も目指す、という具合だ。

しかし先行きは厳しい。郵便事業はEメールや民間宅配業者の伸びに押されて黒字が稀な慢性的赤字状態、簡易保険事業も職員が違法契約に走るほどのノルマを課しても収支はトントン、そして唯一の稼ぎ頭である郵便貯金も高金利時代の運用益を食い潰しているだけで、収益減が確実な情勢だ。この長期低落必至の経営状態をいかに民間の手法を取り入れながら黒字化するのか――これが生田正治初代総裁が率いる郵政公社の課題とされた。

三月中旬、同じ喫茶店で再会したMさんから手渡されたのは、民間企業の競争原理を取り入れたという新しい人事制度の資料だった。

「公社化後は、上司と話し合ってふるさと小包などの目標設定をし、その達成度に応じて給料が決まることになります。給料が上る人、そのままの人、減る人に三極化するのです」（Mさん）

私の疑問は膨らむばかりだった。なぜ郵政利権の代表的存在「ふるさと小包」にはメスが入らないのか。

●職員のただ働きでファミリー企業を支える利権構造

ここで、悪名高き「ふるさと小包」の仕組みをざっと見ておこう。

郵便局に行くと、必ずと言っていいほど、ふるさと小包のチラシやカタログが入った棚がある。「鮮度に自信あり！　漁場直送！　かに自慢」というオホーツク産のカニをはじめ、信州のりんご、熊本県の馬刺し、変わり種ではジャイアンツカレンダーや地球儀と盛り沢山だ。

このチラシを郵便職員は郵便物と一緒に持参し、書留を届ける時などに「こういうものをやっています」と利用者に声をかけていく。この時に契約が取れなくても、後日、利用者から「注文したい」と連絡があると、また出かけて行って代金を受け取り、申し込み用紙に代筆したり、振り込み手続きをしたりもする。ただ配達中は忙しいので、昼休みや勤務後など時間外に勧めることも多く、サービス残業の温床になっている。要は郵便職員を営業マンとした訪問販売である。

しかし営業成績が昇進昇給に影響するため、職員、特に管理職は目標達成に必死だ。自ら決める目標数も多い。月末まで達成率が半分程度なのに、最終日には一〇〇％に跳ね上がることは珍しくないという。親戚や友人に送ったり、自分で購入することが増えるからだ。これを職員は「自爆」と呼ぶ。

「課長が新居に引っ越すので手伝いに行ったら、部屋に山積みになっている『麺グルメ』を職員が発見、大笑いしたことがありました。あまりに大量に自爆したので、食べきれない分が残っていたのです」とMさんは笑う。

ふるさと小包の販売で管理職とそれ以外の一般職員で温度差があるのは、天下り抜きには語れない。郵便局も企業と同様、新入局員はヒラの当務者からスタートし、主任、総務主任、課長代理と役職がついていく。ここまでが「一般職員」である。さらに副課長、課長、局長という「管理職」のポストが続くのだが、彼らには通常天下りという特典がある。その相場は「年収一〇〇〇万円前後、平均二年の勤務で退職金約二〇〇〇万円」なのだという。

しかも役職が上るほど、条件が良くなる傾向がある。こんな人参がぶら下がっていれば、管理職は自爆分くらい楽々取戻せると考え、自爆に励むのも納得がいく。

これ比べ一般職員は冷めている。管理職のポストは限られているため、一般職員止まりでただ働きをするだけの公算が高い。管理職ほど熱心になれなくても当たり前である。

しかし毎朝開かれるミーティングでは「目標が達成していない」と上司からハッパをかけられる。成績が芳しくないと、局長室に呼ばれて一対一で説教されることもある。福岡県の郵便局では「パワーアップ期待職員」という指定通知書が渡された。「パワーアップが期待されるほど成果が出ていませんよ」という烙印である。その一人のKさん（五十二歳）に聞くと、「指定でショックを受けた人もいますが、公社化にあわせて廃止されることはありません。レッテルは一年間付いて回り、今でも私はパワーアップ期待職員です」と話す。

しかも公社化後は、新しい人事制度が始まる。従来は一般職のままでも年齢に応じて給料が上ったが、これからは実績主義のため、営業成績が悪ければ、減俸を覚悟しなければならない。「職員にとってやり甲斐、働き甲斐のある仕掛けをつくる」（生田総裁）とは裏腹に、より激しいノルマ達成競争に追い立てられるのは確実だ。民間企業の人事制度を導入しても、逆に郵政OBの利権構造の強化になるのでは、本末転倒もいいところである。

●天下り天国のファミリー企業

全国の郵便職員がノルマに追われて自爆までする一方で、七%の手数用が転がり込むのが、典型的な〝郵政ファミリー〟の一つ、「財団法人　ポスタルサービスセンター」（以下、ポスタルセンター）である。実際、都内の某郵便局でかき集めた五〇種類のチラシを見ると、全てポスタルサービスセンターの名前が入っている。ポスタルセンターは、このチラシを作り、営業活動を代行する郵便局に送り、あとは事務所で注文を待つだけで七%の手数料をかせぐ。生産者と郵便局の間に入る「仲介ピンハネ」業者と言っても過言ではないだろう。

ポスタルセンターが設立されたのは一九六七年。当時は、「郵便番号制度の普及」などが目的だったが、その後、ふるさと小包に関わるようになる。郵便事業が赤字に苦しむ中、同財団の売り上げは順調に伸び、平成十三年度には約三三億円を記録している。

また理事長ポストには、歴代の事務次官をはじめ幹部クラスの郵政官僚が天下っていた。現在の天野定功理事長は、元総務省（旧郵政省）総務審議官。前任者の品川萬里氏は元郵政審議官で、それ以前の三人の理事長は元郵政事務次官だ。約九〇名の社員のうち、何と「約八割が郵政OB」（同財団総務課）なのだという。

赤字に苦しむ郵便局ではノルマに追われた職員たちがタダ働きや自爆までして奉仕する一方、大した苦労もせずにピカピカの黒字決算を続けるファミリー企業——郵便局とポスタルセンターとの関係は、まさに片面だけがピカピカのコインの裏表。「ふるさと小包」が廃止されないのは、天下り先を失いたくないため、と勘ぐられて仕方がないだろう。しかしポスタルサービス側はこう反論する。

「我々は郵便局にチラシを寄付することで手数料をいただいているのです。郵便局にとっては、『ふるさと小包』が注文されるごとに送金手数料七〇円が発生するし、小包の量も増えます。ギブアンドテイクの関係で、何ら問題があるとは思っていません」（同総務部）

しかし小包は一通当たり一二・五円、総額で五一億円の赤字であり（総務省『日本の郵便2002』）、しかも「ふるさと小包」には送料大幅値引きの大判振る舞いがされるため、一通平均の赤字額は平均以上に違いない。

郵便局員の労働組合のひとつである「郵政産業労働組合（郵産労）」は、長年にわたって「小包」営業の抜本的改革を主張している。
「毎年赤字の小包の営業活動を進めることは、天下り先のファミリー企業にはプラスですが、郵政事業にとってはマイナスです。民間企業であれば、とっくに不採算事業として切り捨てているはずです。ノルマまで課して続ける理由は全くありません。少なくとも職員に営業活動をさせるには、『ふるさと小包』の関連企業と郵政公社の間で正式な『訪問販売委託契約』を結ぶ必要があります。ファミリー企業は職員の営業活動費用を支払うべきなのです」（田中諭中央執行委員長）。

ファミリー企業への天下りについて、矢島恒夫衆院議員（日本共産党）は「営利企業への再就職を承認した国家公務員に関する報告書」（人事院が毎年発表）などの資料を元に調べた。すると一九九八年から二〇〇一年の四年間で、少なくとも八二一名の郵政官僚が一七九社に天下っていることが分かった。天下り先は運送、金融、建設、電機からマスコミまで多岐に及んだ。

六三名が天下っていた「日本オンライン整備」は、郵便局のATMの保守点検業務を独占的に行なうファミリー企業だ。現在の会長は郵政省官房資材部長だった松澤経人氏、前任者の会長は元郵政事務次官の小山森也氏。社員は約二五〇名ながら、一一〇億円弱の売り上げを誇る。剰余金は約三八億円とまさに“超優良企業”である。

他にも「華山商事」は制服、「互興建設」は郵便局舎の建設、「ニッテイ建築設計」は局舎の設計、と言う具合にいくつものファミリー企業が郵政事業には群がっているのだ。郵政公社が独立採算を目指すなら、即刻、ファミリー企業との関係を断ち切ってもおかしくないはずである。

●「トヨタ生産方式」の導入で〝粉飾改革〟を演出

二〇〇三年一月、トヨタ生産方式の導入実験が埼玉県越谷市の越谷郵便局で始まった。トヨタ社員七名が二〇〇四年四月まで一年以上も常駐することになり、すぐさまストップウォッチやビデオカメラを片手に郵便局員の作業を記録し始めた。すると、わずか一カ月ほどで改善項目は四〇〇を超えた。

郵政事業庁の担当者は「『ムダ、ムリ、ムラの排除』がモットーのトヨタの生産方式を導入したのは、郵便局の効率向上をはかるためです。まず基礎データの収集から始め、最終的にはマニュアルを作ってもらうことにしています」と話す。公社化直前になると、郵政事業庁には越谷局の取材申し込みが殺到。「トヨタ流でムリ・ムダ排除」（三月十四日付『読売新聞』夕刊）などと銘打った記事が次々と出るうちに、トヨタ生産方式は郵政改革の切り札としての地位をゆるぎないものにした。

そして越谷局に張り付いたトヨタ社員らのプロジェクトメンバーは、瞬く間に現状分析リポートを作成した。この中には、ファミリー企業に関する改善項目がいくつも挙げられているに違いないと思って、郵政事業庁に公開を求めたが、「内部情報なので出せません」との回答。ふるさと小包の関連会社を含むファミリー企業に、メスが入った実績は示されなかったのである。

またファミリー企業と並ぶ利権温床といわれる「特定郵便局制度」も、改善対象になっていなかった。郵便局には「普通郵便局」と「簡易郵便局」と「特定郵便局」があるが、その中で飛びぬけて多いのが特定郵便局だ。全国で約二万五〇〇〇局のうち四分の三に当たる約一万九〇〇〇局を占める。二〇〇一年の参議院選挙の高祖事件で逮捕者を出した自民党の集票マシーンでもあるが、特定郵便局長がリスクを冒してまで選挙応援をしたのは利権擁護のために違いない。

何しろ特定郵便局長の平均年収は約九〇〇万円で、しかも定年は六十八歳まで延長可能。また自宅が郵便局のため、全国平均で四三〇万円強の年間賃貸料収入も懐に入る。さらに特定郵便局長を世襲させることも可能だ。一応、試験はあるが競争率は一・一倍で無競争状態に近い。「特定郵便局ごとに局長を置くのではなく兼任させればいい」「簡易局にすればいい」といった見直しが叫ばれてきたのはこのためだ。当然、トヨタ生産方式で特定郵便局のムダを排除するのかと思ったが、担当者は「現在は越谷局で導入実験をしているだけで、特定郵便局は対象になっていない」との回答だった。

郵政公社の手口が見えてきた。トヨタ生産方式という花火を打ち上げ、民間の効率性を取り入れていると強調する一方、「乾いた雑巾を絞る」と評されるトヨタ生産方式の改善対象を狭く限定、ファミリー企業や特定郵便局長制度の甘い汁が絞り出されないようにする、というものだ。

●郵政公社の運用の現場

郵政事業庁の六階に「ルーム」と呼ばれる特殊な部屋がある。部外者の入室は一切禁止。入口のドアはオートロックがかかり、運用職員がIDカードを読み取り機にかざさない限り、ドアは開くことはない。およそ一〇メートル四方の部屋では職員たちがテキパキと動き、奥の細長い大型電光掲示板には赤いランプの数字がずらりと並んでいる。この部屋こそ、約二三七兆円の郵便貯金を運用する「ディーリング・ルーム」だ。一階上に「ルーム」を持つ簡易保険の約一二三兆円と合わせると約三六〇兆円。この光景は、郵政公社が公共事業バラマキを支えてきた〝世界最大の金融機関〟であることを改めて実感させてくれる。

郵貯・簡保資金の運用は、三年前までは財務省（旧大蔵省）理財局に任されてきた。しかし、その資金が「財政投融資」（財投）として特殊法人に貸し出され、採算性を度外視した高速道路やODAなどにつぎ込まれた結果、少なからぬ額が不良債権化している。小泉首相が郵政改革を訴え続けた目的は、郵政民営化により特殊法人への資金を断つことだった。いわゆる入口出口論である。

郵政民営化で小泉首相と行動を共にした松沢成文・神奈川県知事は、こう語る。「田中角栄は郵政大臣の時に廃止勧告を受けていた特定郵便局を増やし集票マシーンにすると同時に、莫大な公共事業費を確保するために郵貯と簡易保険に目をつけた。郵貯と簡保は公共事業バラマキしか芸がない族議員の〝財布〟となったのです」。

そしてこの問題がクローズアップされた結果、二〇〇一年から財投は段階的に縮小されると同時に、郵貯・簡保の自主運用額が増えることになった。

「財務省任せ」から「郵政官僚による自主運用」への転換の中で、小泉改革の落とし子＝郵政公社が果たすべき使命は明らかだ。特殊法人への資金供給を断ち、官から民へと資金供給先を自由な市場にシフトさせることである。ここまで実現して初めて、小泉郵政改革は無駄な公共事業を抑制する処方箋として機能するのだ。

だが、そこで問題なのは郵貯・簡保運用の担い手だ。橋本内閣時代に行政改革会議事務局長を務めた水野清・元建設大臣（「行革推進七〇〇人委員会」代表世話人）は、金融業界の専門家らの話を元に、「一口に郵政公社の自主運用といっても、はたして巨額の運用が〝素人〟だけでできるのか。海外のヘッジファンドら『プロ』と渡り合えるのか。本格的な郵貯・簡保運用のためには一万人規模の人材養成（運用担当者だけではなく事務職や技術者も含む）が必要だ」と主張する。

中央大学の今野浩教授（金融工学が専門）は、一九九九年に、郵政省の課長ら担当職員と話をする機会があった。運用に関するレクチャーをした後、意見交換をしたのだが、その時、集まった郵政官僚は約一〇名。今野教授は「これだけの人数で何百兆円もの資金を運用しようとしているのか」と驚き、「あなたたちは夜も寝られないでしょう」と思わず口にした。しかし彼らの表情からは、巨額の資金を運用する重圧感、責任感は伝わって来なかったという。

この会合から四年がたった二〇〇三年三月時点での運用職員は、郵貯と簡保を合わせて一三一名（地方公共団体への貸付担当を加えると約三〇〇名）。民間の金融機関と同じように、現場で売買に携わる「フロント」、リスク管理や運用方針を決定する「ミドル」と事務処置のサポートを行なう「バック」に役割分担されていた。

運用職員は、本省採用の職員よりも、むしろ郵便局から選抜された職員を中心に構成されている。例えば、東京都国立市の郵政大学校にある「資金運用コース」などで研修を受けた職員が配属される。その後、証券アナリスト試験を受けて資格を取ったり、国内外の民間金融機関に派遣されて研修を重ねる者もいる。民間金融機関出身で中途採用された運用担当者も一人いる。

以前に比べると自主運用体制は整いつつあるようだが、公社化移行後の運用のポートフォリオ（資産の組み合わせ）を見ると、小泉郵政改革が掲げる「官から民（市場）への資金シフト」は起こりつつあるとは言い難かった。彼らが中期計画として決めたポートフォリオは次の通りであった。

	郵便貯金	簡易保険
国内債権	九六％以上	七五～九五％
国内株式	二％以下	二～六％
外国債権	三％以下	二～六％
外国株式	一％以下	〇～三％
短期運用	――	一～一〇％

このポートフォリオの特徴は、国内債権の割合が大半を占めることだ。ここで国内債権のうち約八割は国債や地方債だが、中には特殊法人に回される「財投債」（一種の国債）も含まれており、採算性の乏しい高速道路建設費にもなりうる。つまり郵政公社の自主運用になっても、財投債を介した特殊法人への資金供給は続いているのだ。また財投債以外の国債も一般財源として公共事業予算になる。官から民への資金供給先のシフトは全く起きていなかったのである。「民営化の一里塚」として郵政公社が誕生したのに、小泉首相が訴えてきた効果は現れる兆しすらないのだ。

これに対し郵政事業庁貯金部はこう反論する。

「郵政公社の目的とは郵貯や簡保といった事業を適切に運営することであって、民間に資金を流すのが目的ではありません。郵便貯金の運用で最も重要なのは、いかに元本保証しながら利払いをするかという点にあります。国際分散投資といっても為替リスクがありますし、株式運用もリスクが大きい。国内債中心のポートフォリオになったのはこのためです」

しかし、このポートフォリオは、運用の教科書に必ず書いてある「全ての卵を一つのかごに入れてはいけない」という分散投資の鉄則から逸脱するものでもある。先の今野教授は、その背景を含めこんな説明をしてくれた。

「このポートフォリオは分散投資の基本原則から外れているが、ある意味では仕方がない面もあります。国債の比率を下げようとしても、価格下落を招く恐れがあって売るに売れないからです。あまりに巨額すぎるため、身動きができない。もっと前から国際分散投資をしておくべきだったが、政府は『為替リスクがある』として国債中心の運用方針を変えなかった。長年のツケがこのポートフォリオに現われているともいえる」

また日銀ＯＢで参議院議員の大塚耕平氏（民主党）もこう指摘する。「国債下落のリスクに目をつぶる危険な選択だと思う。『みんなが国債を買っているから大丈夫』『死なば諸共』という横並び主義の現われともいえる。絶壁に囲まれた陸上競技場を『公的債務の対ＧＤＰ比』の順に走る先進七カ国を思い浮かべて欲しい。かつて日本は最も安全なインコースを走っていたが、いまではイタリアに代わって最も危険なアウトコースを走るようになった。しかも絶壁までどれだけ余裕があるのか分からないのに、公共事業バラマキしか能がない抵抗勢力は『後、一メートル外側を走っても大丈夫』と言わんばかりに、さらなる財政出動を叫んでいる。国債暴落、急激な円安、ハイパーインフレやキャピタル・フライト（資本逃避）など、日本経済が奈落の底に落ちる危険性を直視していないといわざるをえない。表現はやや過激だが、『危機は迫っている』という木村剛氏の主張は正しいと思う」。

同じく日銀ＯＢの木村剛氏（ＫＰＭＧフィナンシャル代表）は、国債暴落やキャピタル・フライトのリスクを直視すべきと訴える論客だ。『円が日本を見棄てる』では、海外の投機家にとって日本が実に「おいしい国」と映り、ヘッジファンドが円売りを仕掛けてくる兆候があると警告を発した。

先の今野教授も「外国の金融機関が日本の巨額の金融資産を狙っている」と同じ見方をする。最先端の金融工学を使う外資系から日本マネーを守る「防衛的」金融工学の開発を提唱したのはこのためだ。今野教授はこう語る。

「外国金融機関が日本の巨額の個人資産を狙っていないはずがない。彼らが組織をあげて『国債が暴落する、郵便貯金も危ない』などと仕掛けてきた場合、すぐさまキャンペーンを打つといった対抗措置が不可欠だ。これまでの日本人の行動パターンからすると、一斉に郵貯を引き出し外貨に移しかえる可能性は低いだろうが、最悪の事態を想定して万全の準備をしておくことは必要だ。

こうした滅多に起きないが、起きた時には途方もない損失が発生するケースを『ダウンサイドリスク』と呼んでいる。連鎖倒産やLTCM社（アメリカの大手ヘッジ・ファンド）の破綻がこれに当たるが、実は、第三次金融工学の革命はこの分野で起きており、ダウンサイドリスクは何なのかを突き詰め、計量化してリスク管理をしようとしているのだ。

ところが日本の金融関係者は『そんなに難しいことは他でやってくれ』と拒絶反応を示す。もともと日本の金融機関には『運用は適当にやりましょう』という体質がある。郵政省から委託を受けたある投資顧問会社も、計算を簡単にするためにダウンサイドリスクを無視していた。これでは最先端技術の金融工学を駆使しながらリスクに立ち向かうのではなく、リスクから目をそらして楽して仕事をして事足りているのだ。

つい最近も民間金融機関の知人が『運用担当の郵政官僚が相談に来たので説明をしたら〝私は文系なのでよく分かりません〟とさじを投げてしまった』と言っていた。郵政公社が巨額な資金を運用する実力を身につけたとは、とても思えないのだ」

これに対し郵政事業庁は「金利上昇モデルなどによるリスク管理を十分している」と答えた。

●日本郵政公社は危ういメガバンク

日本国という巨大爆弾を背負った国内最大のメガバンクが地雷原の中でよちよち歩きを始め

た——こんな姿が目の前に浮かばないだろうか。

まず運用のリスクバッファーにあたる自己資本比率が低すぎる。郵便貯金で一％足らずにすぎない。木村剛氏が「厳しい金融監督官なら、すぐさま退場を命じてもおかしくない自己資本比率。国債がほんの少し下落しても債務超過に至る脆弱な状態」（「公社化研究委員会」）と発言したのはこのためだ。

また自民党の中で広まりつつあるインフレターゲット論（族議員が進めた公共事業バラマキによって膨らんだ財政赤字を軽くする効果がある）は、郵便貯金の引き出しによる資金ショートのリスクを高める。竹中平蔵大臣の師匠であるポール・クルーグマン教授は「インフレ四％を十五年間続ける」と提唱するが、五年間で貯金が二割目減りすると思った途端、どれくらいの預金が外貨に移し変えられるのか、想像がつかないではないか。郵政事業庁は「キャピタル・フライトについては過去の預金者の行動から引き出し額を予測、短期国債の割合を決めている。資金ショートに至ることはまずない」と回答した。しかし、その根拠である「預金者の行動予測」に関する資料の公開は拒否された。

さらに国債中心の運用は郵貯簡保が日本経済と運命共同体であることを意味するが、その日本経済が破綻する可能性は高まる方向だ。既得権益にメスを入れる構造改革は手つかずのままで、郵貯簡保に支えられた公共事業のバラマキが止まる気配もなく、逆にデフレ対策を金科玉条にした財政出動要請も日を追って勢いを増しているほどだ。

低い自己資本比率、インフレターゲット論の台頭、分散投資の鉄則違反の三重苦に加え、国債暴落のリスクは日々高まっていく。日本経済を不沈艦と確信、借金増大の記録更新に励む小泉政権は、日本郵政公社の危うさを直視し、郵政改革の原点に立ち返るべきではないか。

軌道修正するべきことは明らかだ。ファミリー企業や特定郵便局制度にメスを入れることはもちろんだが、最も重要なのは、国債中心のポートフォリオの変更だ。分散投資に移行、官から民への資金の流れを作るというわけだ。先の大塚議員はこう語る。

「郵便貯金と簡保の資金を地域分割して運用する方法がまず考えられる。将来、郵政公社を分割民営化して地方銀行と合体することにもつながる。郵貯・簡保、地銀資金の運用取引の相手方として、イタリアで実績のあるＤＭＯ（デッド・マネジメント・オフィス）というスタイルを取り入れてもいい。これは、政府債務、つまり国債発行で集めたお金などの管理運用を専門に行なう機関で、民間から腕利きのディーラーを採用し、取引を競い合わせるという方法です。この方法でイタリアは借金大国から脱出したのです」

小泉首相がいくら「郵政公社は民営化の一里塚」と口先で叫んでも、郵貯簡保資金の流れが官から民へ転換したわけでも、公共事業バラマキが抑制されたわけでもないのだ。

第三部　土建国家からの決別

第八章　島根・土建王国の君臨の中で

一　「工事費還流システム」疑惑も浮上

二〇〇二年二月、建設業界の専門誌『日経コンストラクション』は、島根県の複数の出先事務所に届いた告発文を紹介した（次頁写真）。それは、コンサルタント会社の丸投げの横行を暴露するもので、「県の土木部にも地元のコンサルタント業界にも波紋が広がった」（同誌二月二十二日号）という。

その内容は、たしかに衝撃的なものであった。

〈島根県では、コンサルが落札した物件は殆どメーカー（建設業者）へ丸投げされている。コンサルの業務はメーカーに出す前の資料作成と、メーカーが仕上げて来た図面などのチェック程度の軽作業に過ぎない。それにもかかわらず、高額な設計料を県の予算で算出して支払う。島根県の県土木職員の事なかれ主義、怠慢が丸投げの横行を生んだ。どこの県でもやってい

県土木関係者各位

先日は、とうとう逮捕者迄も出した仁多土木の職員の件は、ほんの一例で
島根県の土木業界はコンサル、メーカー同士の馴れ合い関係が長年に渡り、続いている
ことは少なからず島根県全般の県土木職員の方々は、承知の上と思います。
コンサルが落札した物件は、殆どと言っても過言では無いくらいメーカーへ丸投げ
されているという事を知らないとは言わせません。全てあなた達の事なかれ主義、怠慢が
生んだ結果での現状です。コンサルの業務はメーカーに出す前の資料作成と、メーカーが
仕上げて来た図面などのチェック程度の軽作業に過ぎません。それにもかかわらず高額な
設計料を県の予算で算出し支払う。これぞ本当の意味での無駄な公共事業費と言わずして
何の無駄があるのでしょうか。どこの県でもやっている事なのですが、特に島根県は
やりたい放題で、とても黙っておく訳にいかない状態のところ迄来ています。
つい先日、ある席でマスコミ関係の方と話す機会があり、外務省の腐敗体制の話から
仁多土木の職員逮捕に至るまでの話などをしている折に、コンサル、メーカーの馴れ合い
関係の話をしたら興味深く聞いてくれ、是非記事にしたいという事でした。
県土木の職員がコンサル、メーカーの密接な関係を知らない筈はあり得ません。
見て見ぬふりをしているという言葉が適切でしょう。
現在のコンサルの技術力では、一式まともな業務は不可能です。
何社ものコンサルの人から、うちは全てメーカーと言い切ったという類の話も耳
にしました。本当に納得いく話ではありません。
メーカーはコンサルの入札後、どのコンサルが落札したかわかるやいなや、その日
から営業に行き、何とか図面を書かせてもらう為にゴルフ、飲み等々あの手この手
で接待攻勢をかけます。この辺の事はどの業界でも日本の企業であれば、少なからず
仕事をとる為にやる手口です。
しかし、公共事業費というのは国民の血と汗の税金で成り立っているものです。
この様な状況を一日も早くマスコミに取り上げてもらい、外務省問題と同様に国民
に知ってほしいと思っております。職員の皆様によってこのような理不尽な体質の
コンサル、メーカーとの馴れ合い関係が絶たれる様、厳しい管理体制を整えてほしいと切
に願っております。発覚した時のペナルティー等の確立など具体的に提示しなければ
今の状況を変える事は出来ないと思います。
今が本当の意味でのチャンスだと思い、このような手紙を出しました。
全国誌に掲載されるまでに、改善されます様に願っております。
私が断言出来る事は、島根県の小さなコンサルは、殆どがメーカーへ丸投げです。
早期の対策をご検討下さい。

コンサルタント会社の丸投げの横行を訴える告発文。島根県の複数の出先事務所に届いた。

る事だが、特に島根県はやりたい放題。県職員はコンサルとメーカーとの馴れ合い関係が絶たれる様、厳しい管理体制（発覚した時のペナルティ等の確立など）を整えてほしい〉

本当に丸投げが横行しているのか。県内のコンサルタント会社は否定したが、建設業者はこう語った。

「島根県の実態は告発文に書いてある通りです。建設会社の営業マンは、公共事業の入札結果を紹介している業界紙『建設興業タイムス』に目を通すのが日課。コンサルタント会社の落札を見つけた途端、〝営業戦争〟を始めます。ゴルフや飲ませ食わせの接待攻勢（民民接待）をコンサルにかけ、『設計図面を書かせて欲しい』と頼み込むのです。

建設会社がコンサルのためにただ働きをするのは、図面を書いた建設会社が工事の本命（業界用語で『チャンピオン』）になれる慣行があるからです。本命になれば、公共事業は民間の仕事に比べて割りがいいので、ただ働き分を回収した上に利益を出せる。コンサルは役所の発注担当部門と同じような絶対的な立場にあるのです。

日経コンストラクションの記事が出た後も、県土木部も地元新聞も県議も国会議員も無視を決め込み、今でも丸投げは続いています。

県内のコンサルタント会社を見てみるといい。周りの田園風景とは似つかわしくない立派な自社ビルが建っています。建設会社のただ働きの分も含まれていると言いたくもなりますが」（建設業者）。

●談合情報が物語る業界と政界の激突

第六章では日本道路公団の発注延期に対し道路族が恫喝的な口利きで応え、結局、工事は再開し献金業者の「フクダ」が下請けに入った「仏経山トンネル事件」を紹介した。この疑惑の中心人物・青木幹雄自民党参院幹事長は、フクダのような建設業者だけでなく、丸投げを告発されたコンサルからも献金を受けていた。献金額は、県内の主なコンサルタント会社だけも四年間で一〇〇〇万円に達していた（表8参照）。

新たな利権の疑惑が浮き上がってくると思わないだろうか。「丸投げ・談合・献金」が一体となった「設計工事費の還流システム」である。その仕組みはこうだ。

得をするのは、丸投げで不労所得（利益）を手にするコンサルタント会社と、談合で本命となってただ働き分を回収して余りある建設業者、丸投げや談合を放置してコンサルタント会社と建設業者から献金を受ける政治家。そして割高な公共事業費という

表8　青木後援会に献金していた主なコンサルタント会社の献金額（4年間）

社　名	金額
ワールド測量設計	200万円
大陸設計	200万円
出雲測量設計	120万円
山陰開発コンサルタント	120万円
大建コンサルタント	160万円
出雲グリーン	200万円
合計	1000万円

（最近2年間は島根県参院第一支部）

ツケは国民（納税者）に回される。

公共事業の無駄をチェックすべき国会議員が、丸投げと談合を放置しながら献金を受けているとすれば、本末転倒もいいところだ。こうしたコンサルタントの丸投げをめぐる疑惑などについて、青木氏に取材を申し込んだが、事務所からは「時間が取れない」という回答であった。そこで、この新疑惑の信憑性を周辺からチェックすることにした。

建設業者が毎日見ているという業界紙『建設興業タイムス』は、二〇〇二年八月九日、島根県四土木建築事務所の公共事業の「落札率」を発表した。落札率とは、実際の「落札金額」を役所が算出した「予定価格」で割ったもので、よく談合の有無の指標（一〇〇％に近いほど談合の可能性が高い）として用いられるが、『タイムス』に掲載された結果は、過去九カ月間の県内工事の平均で約九七％だった。

これを長野県の先行的事例と比べてみよう。二〇〇一年から田中康夫知事は、下請け業者でも一定の条件を満たせば入札に参加できる「参加希望型指名競争入札」の試行を始めた。すると、一〇〇％近かった落札率が八〇％にまで下がった。今まで下請けにしかなれなかった中小業者が直に仕事を受けることで、元請けのピンハネ分がなくなり、二割近いコストダウンにつながったとみられている。九七％と八〇％。この歴然とした差は、島根県では談合が日常化したまま、公共事業の高コスト構造が続いていることの証に違いない。

また島根県内の建設業者は談合の日常化を認めた上で、こんな補足説明もしてくれた。

「一般的には入札前に落札業者が決まっていることを『談合』と呼んでいますが、業界内で言う『談合』はもっと狭い意味で、順番で仕事を回していく〝ゼネコン方式〟で本命を決めることを指します。一方、コンサルが丸投げした図面を書いて本命になる〝コンサル方式〟もあります。ちなみに国土交通省や道路公団の工事はゼネコン方式、県や市町村の工事はコンサル方式が取られることが多く、一口に談合と言ってもいろいろな方式があるのです」

さらに地元新聞の『山陰中央新報』を開くと、談合関連の記事がいくつも目に入った。例えば、「談合情報で延期の工事入札」（二〇〇二年六月五日）は六日町内の歩道整備工事、「架橋工事で談合情報」（二〇〇二年十月二十五日）は西ノ島バイパス・瀬戸大橋をめぐるものという具合だ。

こうした記事からは談合の日常化だけでなく、業界内に不満が存在していることも読み取れる。「瀬戸大橋（仮称）の架橋工事」で（西ノ島町。予定価格一〇億一三〇〇万円）は、県に談合情報が届いて入札が延期されたものの、結局、談合情報通りのジョイントベンチャー（JV＝共同企業体）が落札したが（第一JVがO社、第二JVがK社）。ここで注目すべきは「参加希望JVは公表されていないことから信ぴょう性は高いとして〈県〉は事情聴取した」（二〇〇二年十月二十五日付『毎日新聞』）とあることだ。

公共事業の入札には、役所が業者を指名する「指名競争入札」（参加業者は公開される）と、一定の条件を満たせばどの業者でも参加できる「一般競争入札」（参加業者は非公開）がある。瀬戸大橋は一般競争入札であったから、参加業者は分からないはずだが、なぜか本命の組合せを書いた封書が県に届いた。本命決定プロセスを知りうる立場で、しかも不満を持った業界関係者がタレ込みをしたとしか考えられないのだ。そんな情報提供者の不満とは、一体、どんなものなのか。

建設業者の見方はこうだった。

「今回のように二社で共同企業体（ＪＶ）を組む場合、ヘッド（第一ＪＶ）とサブ（第二ＪＶ）では利益に雲泥の差があるため、ヘッド争奪戦がよく起きる。瀬戸大橋の入札でもそうだった。Ｋ社とＯ社が〝営業戦争〟を始め、ゼネコン方式とコンサル方式が激突することになった。まずＫ社は『業界ルート』を通して広島の大林組のＭ氏のお墨付きをもらい、ゼネコン方式での本命となった。なおＭ氏は、中国地方の一〇億円以上の公共事業を仕切る業界の総元締めである。

一方、コンサル方式で本命になるつもりだったＯ社は、ただ働き分が回収できなくなることに危機感を抱いた。そして『業界ルート』とは別の『政界ルート』に頼り、青木氏の実弟が取締役のコンサルタント会社（東京都千代田区麹町）に接触してＫ社追い落しを依頼、県土木部に口利きをしてもらったらしい。その手法は、第一ＪＶ（ヘッド）の必要条件である『経営審査点（注）』をＫ社の点数以上に設定すること。これが功を奏しＫ社は脱落、Ｏ社がヘッド（第一ＪＶ）獲得に成功した――こんな見方が業界内で流れているのだ」。

（注）　経営審査点は建設業者の成績表のようなもので、入札ごとに参加資格の点数が設定される。

図7　談合の仕組み　広島業界ルートVS. 東京政界ルート

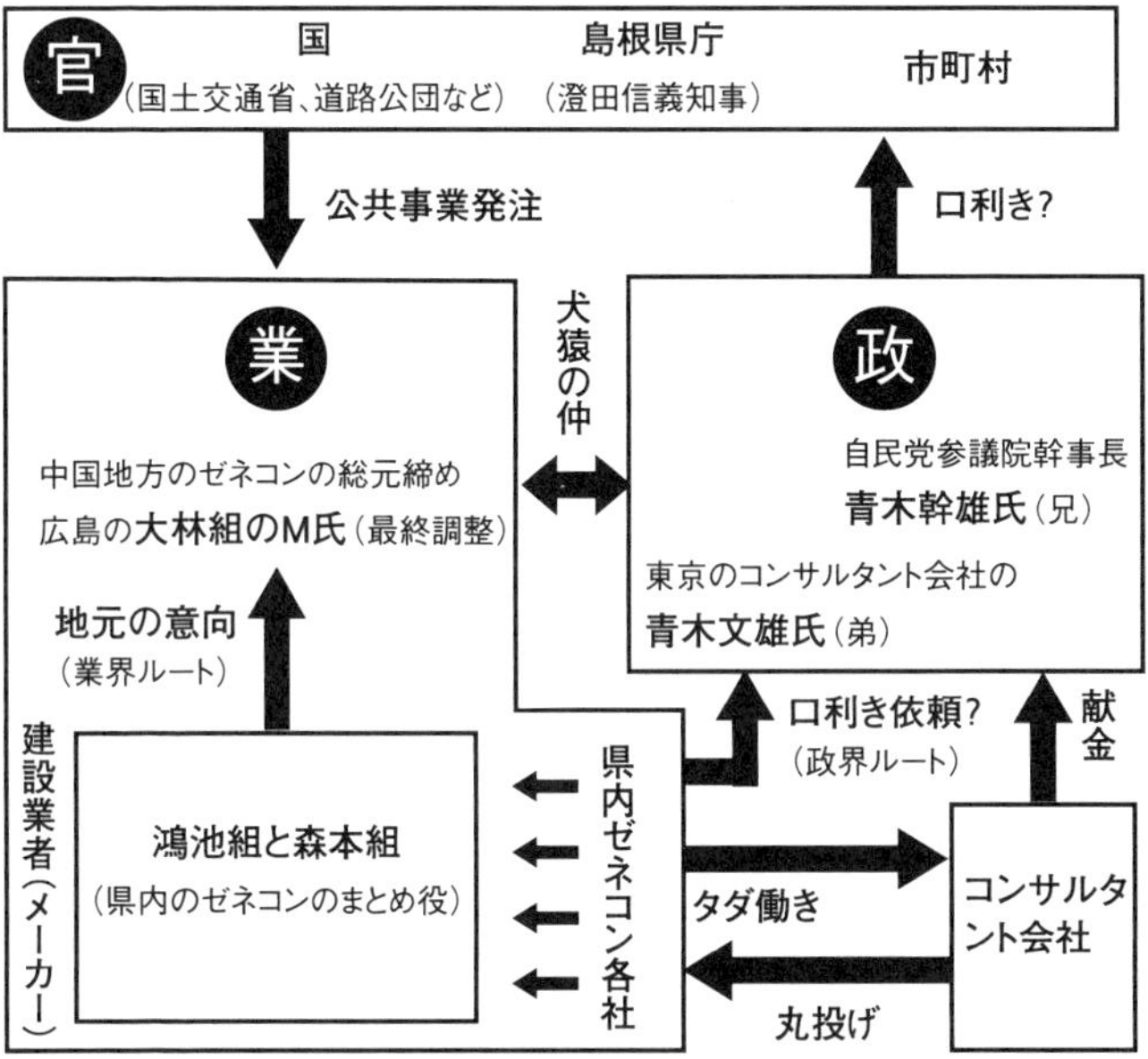

出所）『週刊金曜日』2003年1月10日より作成

一定以上の成績（足切りライン）に達しないと有名大学の受験資格が得られないのに似ている。

　この業者の見方を元に、談合の仕組みを図式化したのが図7だ。公共事業の本命決定には「業界ルート」と「政界ルート」が関係し、お互い張り合う形になっている。「広島の大林組のM氏と東京の青木兄弟は犬猿の仲」（建設業者のコメント）になる理由がよく分かるではないか。ただし、青木文雄氏、大林組、鴻池組、森本組は談合への関与を否定した。

　またK社追い落としでO社が第一JVになったとすれば、このことは「業界ルート」（広島の大林組のM氏がドン）が「政界ルート」（青木兄弟）に敗れたことを意味し、これに怒った関係者がタレ込みをした、と考えると辻褄があう。

●口利き疑惑は消えない！

この疑惑について県土木部は「口利きはなかった」と否定したが、「K社追い落とし説」には、信憑性を感じさせる根拠があった。

一つは、K社脱落の原因とされる第一JVの「経営審査点」（一二〇〇点）が、K社の点数（一一一五点）よりわずか八五点高いだけであったこと。受験資格に必要な足切りラインよりも成績が少しだけ低かったばかりに人気大学への道が閉ざされたようなもので、意図的な操作をうかがわせる経営審査点になっていたのだ。

K社は「ヘッドを務められる自信はあったが、点数は県が決めることですから」と不満げ。県土木部に点数を決定した資格審査委員会の議事録や配布資料の提示を求めたが、「情報公開の手続きが必要」と拒否された。

二つ目は、「O社が接触した」と建設業者が実名をあげたコンサルタント会社（「政界ルートの窓口」）が、青木氏のファミリー会社であったこと。登記簿を見ると、代表取締役が青木氏の娘の夫で、取締役は青木幹雄氏の実弟の青木文雄氏と、妻の青木禮子氏と、青木氏の秘書の青木一彦氏であった。また『週刊新潮』の青木幹雄氏の連載（〇二年五月十六日号）にも、同社は日本中央競馬会の施設の談合疑惑の絡みで紹介されていた。

三番目は、青木氏が「竹下登に尽くし全てを引き継いだ」と言われており、しかも竹下政治とは、口利き・談合・献金が一体となった「工事費の還流（ピンハネ）システム」そのものといえることだ。

島根県大田市長だった石田良三県議はこう回想する。「竹下事務所に陳情に行くと、亡くなられた青木伊平さん（竹下登氏の秘書）が公共事業のリストを見せてくれた。そこには事業の名前や予算総額だけでなく、建設業者名と『◎、○、△』が書き込まれていた」。

これは、竹下氏が公共事業の仕切り屋（談合屋）として君臨していた証に違いない。

また県内で長年建設業を営むA氏はこう振り返る。「竹下時代、県内の建設業者は東京のホテルを年間契約し、ここを拠点に議員会館近くの竹下事務所に陳情に行っていました。もちろん金は必要。公共事業の指名に入れて下さいと頼むだけでも数百万円が相場で、一〇〇〇万円渡した業者もいたという話です」。

当然、指名の陳情を受けた竹下事務所は、県土木部に「××社の指名をよろしく」と口利きをしていたのだろう。とすれば、後継者の青木幹雄氏が同じように口利きをしていても全く不思議ではないだろう。

ただ、こんな疑問が浮かんでくるかも知れない。青木氏サイド（本人あるいは文雄氏のコンルタント会社関係者や系列県議）が「瀬戸大橋ではO社をよろしく」といった口利きをしても、県土木部が受け入れない場合があるのではないか。

　しかし、この可能性は極めて低い。それは、竹下口利き（ピンハネ）政治の根幹こそ、「官への影響力の確保」であるからだ。言いなりにならない首長を選挙でつぶし、口利きが効く役所を次々と誕生させるともいえる。実際、竹下氏と青木氏は二人三脚を組んでこのことを執拗に繰り返してきたのだ。

　例えば、一九八九年の大田市長選では、地元業者の優先を方針とする石田良三市長（その後民主党県議に転身）に対抗馬（竹下系のゼネコン幹部）をぶつけ、選挙中には自民党有力国会議員が揃い踏みをするほど力を注ぎ、竹下系市長の誕生を勝ち取った。そして言うことを聞きそうにない前市長から息のかかった新市長に交代した途端、市内の三瓶ダム本体工事を竹下系のゼネコンが落札した。

　また竹下自身が担いだ恒松制治前知事が、副知事の人選で竹下案を受け入れず、しかも公共事業より福祉重視する路線を取り続けると、手の平を返すように次の知事選出馬を断念させた。代わりに担がれたのが澄田信義・現知事（現在五期目）である。県民の評判は「指導力不足」「政治力頼み」「竹下系の言いなり」で、「実質的な知事は、昔は竹下登、今は青木幹雄」と囁かれるほど。中海干拓事業（竹下派は推進）の見直しを訴えた県職員が左遷されたこともあった。神輿に担がれたような澄田知事がトップで、物言えば異動が待ち受けている島根県庁に、青木サイドの口利きを拒否する風土が存在するとは思えないのだ。

●亡国の政治システム

コンサルタント会社の丸投げを暴露したA４一枚の告発文が、竹下口利き政治の暗闇を照らすスポットライトに思えてきた。闇の奥深さに比べれば、垣間見える部分は僅かだったが、日本の貧困なる政治の凝縮体が姿を現わした。

それは、官への影響力を確保し（口利きはやりたい放題）、公共事業の仕切り屋（談合屋）をしながら、業者から献金を受けるという「工事費還流（ピンハネ）システム」と、ピンハネ額の増加に直結する公共事業量の確保には熱心だが、談合根絶や公共事業の無駄を省く質的向上には不熱心な族議員（抵抗勢力）のことである。

結局、公共事業量の確保が自己目的化した竹下政治を引き継いだ青木氏は、業界の献金を原動力にして権力中枢に上り詰め、いまや小泉首相を神輿に担ぎながら政界のドン（ピンハネシステムの管理人）として君臨しているのではないか。

先の建設業者のA氏はこう言い切った。

「竹下登は日本を財政破綻に導く政治システムを島根で作り上げ、全国に広めた。亡国の政治家と言っていい」

二　アメとムチの竹下土建王国の落日

故・竹下登元首相と小選挙区（島根二区）で一騎打ちをした元衆院議員・錦織淳氏（さきがけから民主党）は、青木幹雄・自民党参院幹事長の献金リスト（次頁表9）を見て驚いた。そこには、竹下氏を応援してきた建設業者が勢ぞろいしていたからだ。錦織氏はこう振り返る。

「今岡工業が入っています。私を応援した社員のクビを切ったほどの竹下寄りの会社です。献金額が各社ほぼ横並びなのも竹下流です。どの社も、竹下選挙ではものすごい数の従業員を応援に差し出します。選挙で仕事を放り出すことになっても十分に元が取れるのです」

前節で紹介した「コンサルタント会社の丸投げ疑惑」に似ていると思わないだろうか。建設業者がコンサルのためにタダ働き（図面書き）をするのは、本命になれる慣行があるためだった。同じように選挙応援という無償労働を建設業者がするのは、公共事業の配分にあずかれるためではないか。

県内の建設業者はこう指摘する。

「この献金リストに登場する竹下系の中核業者は、談合（調整）の幹事社を交代でやっていま

表9　島根県の建設業者の献金上位七社（98年から3年間分）

	国民政治協会	青木幹雄後援会	県内順位
フクダ	1636万	200万	5位
カナツ技建工業	1508万	200万	1位
中筋組	1708万	200万	4位
まるなか建設	1636万	200万	7位
松江土建	1658万	200万	2位
今岡工業	1608万	150万	6位
都間土建	1336万	100万	20位
計	1億1090万	1250万	

（注）民主党の木下厚衆院議員の資料をもとに作成。2000年の青木幹雄後援会への献金は島根県参院第一支部へのもの。なお第6章で、仏経山トンネル西工事で談合情報が流れた「フクダ」が青木後援会だけではなく、その八倍程度を自民党の国民政治協会に献金していることを紹介した。青木後援会の献金額を見かけ上、少なくするために大半を政党経由にしていると考えられるが、この粉飾決算まがいとみえる手法は竹下系の建設業者で共通していた.

す。現在は『今岡工業』で、その前は『カナツ技建』でした。一〇億円以上の工事は広島の大林組のM氏、それ以下は竹下系建設業者が仕切るという棲み分けになっています」

今岡工業もカナツ技建も談合への関与を否定したが、中小の建設業者はこう言い切った。

「竹下系のボス業者が各地域の工事を割り振り、中小業者はやる気があっても下請けにしかなれない。竹下登さんは意欲のあるものに機会が与えられない談合社会を作ったのです」

たしかに島根県の公共事業「完工高ランキング」（『建設興業タイムス』）をみると、上位に竹下系献金業者が名を連ね（表9の右端）、その顔ぶれはほぼ固定化していた。公共事業を引っ張ってきて献金を受ける族議員と、その配分を仕切る系列業者が二人三脚を組む「竹下王国」が浮かび上がってくるではないか。そして建設業者の選挙応援（無償労働の提供という一種の政治献金）は、この土建政治構造を永続化させる働きもしていた。

●竹下王国を支える集票マシーン

「島根二区はしっかり守ります」。

竹下登元首相の死去を受けて出馬した弟の亘氏と、打倒竹下を掲げた錦織氏が激突した二〇〇〇年六月の総選挙。当時、官房長官だった青木氏は激務の合間を縫って島根入りし、各地の後援会で支持を訴えた。走行距離は二日間で約四〇〇キロ。そして選挙戦初日、出雲市での第一声で青木氏は「公共事業ばら撒き」という伝統の宝刀を抜いた。

「選挙後直ちに公共事業の予備費五〇〇〇億円を投入します。これは、島根県選出の一参議院議員青木幹雄ではなく、内閣官房長官青木幹雄としてお約束します」

集まった支持者の間から沸き起こる拍手と歓声。その中には、選挙のたびに応援に駆り出される建設業者の姿もあった。

「竹下陣営を応援するのは島根県の建設業界の常識です。選挙となれば、名簿集めや後援者回りや集会参加とこなしていきます。動員要請は、証拠を残さないため文書でなく電話で来ます。とにかく大きな流れに乗っていかないと、業界では生きていけません。一社だけ抜けるわけにはいかないのです」（県内の建設業者）

こうして建設業界が集票マシーンとしてフル稼働した。これに加え、弔い合戦の追い風が竹下陣営に吹いた結果、前々回の総選挙（九六年十月）で二万三〇〇〇票にまで迫った錦織氏は約六万三〇〇〇票差のダブルスコアで敗れた。

●闘い続ける人たち

政治献金や選挙応援をする建設業者に公共事業が回ってくる「竹下王国」は、擦り寄るものには甘い汁、逆らうものは痛い目にあう「アメとムチの世界」ともいえる。そんな中にあっても、闘い続ける人たちは残っていた。

二〇〇〇年六月二十五日、竹下亘氏の当確のテロップがテレビに流れた敗北の夜、錦織陣営の統括選対本部長の高橋英夫氏（加茂町の食品会社「出雲たかはし」社長）は仲間三人で「これからが新たな闘いの始まりだ」と誓いあった。「オレたちが潰れないことが竹下派への抵抗になる。何があっても『竹下派に逆らったら潰れる』と言わせてはならないのだ」

最初から覚悟の上だった。「竹下登元首相を倒し、島根から日本の政治を変える」と訴える錦織氏に惚れ込み、選対統括本部長を買って出た時から、こうした事態になることも想定していた。

六年前、「竹下派に逆らうと潰される」「闘って勝てるはずがない」と信じ込む周囲の町民からは、自重を求める声が殺到した。

「高橋、気は確かか。とんでもないことになるぞ」

「竹下先生は島根のために良くやってきたのに、なぜなのだ」

「おまえの言うことはわからないでもないが、竹下派という大きな船に乗っておかないと転覆するぞ」

初志貫徹すると、ほとんどの町民が口を聞いてくれない村八分状態となった。それでも雨の日も雪の日も錦織氏と地元回りを繰り返した。すると、最初はビラの受け取りさえ拒否した人も次第に理解してくれるようになった。ところが、やっと横一線に並んだと思った時、竹下登氏が亡くなり、急に周りの反応は悪化、それを挽回する間もなく投票日を迎えてしまった——。

すでに多角経営していた「スナック」や「美容院」の売り上げは減り始めていた。錦織選対幹部をしていた仲間の社長の会社が倒産したことも目の当たりにした。「政敵にいろいろな手段を使って二度と立ち上がれないようにするのが竹下派だ」と聞いていた高橋社長は、たとえ県内で行き詰っても会社経営が続けられる道を求めた。中国に生産農場を造って出雲蕎麦を持ち込み、そこで生育した蕎麦を日本に逆輸入することを始めたのだ。「寒冷な気候が蕎麦の生育に適しているのです」と高橋社長は中国進出のポイントを語る。

「今に潰れるぞ」と竹下派は囁きあっていたが、一年もたっても二年もたっても「出雲たかはし」は潰れない。それどころか逆に売り上げは伸び、従業員数も増えていった。

一方、年月が経つうちに、竹下選挙の集票マシーンとして君臨してきた建設業者に、試練の時代が訪れた。日本全体の財政難のあおりで島根県内の公共事業費も削減され、リストラの嵐が吹き荒れ始めたのだ。政治的勝者が経済的敗者となるという逆転現象が起きたのである。

高橋社長はこう強調する。「竹下先生、青木先生についていけば安泰という時代はもう終わりだ。これから企業は自ら努力をして、実力をつけて生き残るしかないだろう」。

一九九二年、竹下系の出雲市議が西出雲駅近くの土地（一万一五〇〇平方メートル）を先行取得した。競艇の舟券売場を作る計画を立てたのだが、住民の反対で頓挫し、土地が宙に浮いた形となった。助け船を出したのが出雲市。「九六年土地区画整理事業支援」の名目で温泉施設の「ゆうプラザ」の敷地として買い取ったのだ。

この措置に対し、住民団体「ノーと言える市民の会　プロジェクト出雲21」が異議を申し立てた。「買い取り価格が相場の三倍近い」と指摘、適正価格との差額の三億円の返還を求める請求を出したのだ。

事務局長の鎌田澄氏は「竹下選挙の集票マシーンの農協も、九五年、この土地（六万平方メートル）を取得していました。『竹下派でなければ人にあらず』『竹下派がおいしい思いをする』

という不公正な傾向が残っているのです」と話す。一審では負けたが、いまは二審で係争中。その原動力は「子供たちが誇りを持てるような島根にしたいという思い」（鎌田氏）なのだという。

松江市で事務所を構える日本共産党の尾村利成氏のところに、就職に関する相談が舞い込んだ。「『大手企業への就職を世話する』と言ってきた自民党国会議員の系列市議に一〇〇万円を渡したが、不採用となった。それなのに口利き料を返してくれない」というのだ。尾村氏が「社会問題として取り上げますよ」と迫ると、市議はやっと返したという。尾村氏は「島根では地方議員が就職の口利きをするのは日常茶飯事なのです」と嘆く。たしかに、こんな話も耳にした。

「A県議は就職の口利きをするので有名。教員採用で口利きをして三〇〇万円を受け取り、民間企業の就職でも口利きをして、五〇万円を手にした」

「県内最大の水族館『アクアス』（浜田市）の職員募集でも、県議から口利き電話が何本もかかってきた」

●竹下王国の惨状

口利きや談合や利権話が横行する「竹下王国」は、自由競争社会とは言いがたい。竹下派が権益をむさぼる一方、反竹下派は経済的に〝殺される〟ことを覚悟しなければならない。また建設業者からは選挙応援の自由が奪い取られているに等しい。地元の経済人も「少なくとも経済政策は発展途上国並のレベルと言っても過言ではない」と言い切る。

「島根県では公共事業が広く薄くばら撒かれ、建設業者や選挙のためとしか思えないハコモノやインフラが次々と作られています。住民のニーズは二の次で、先見性や戦略や産業政策というものは存在しません。竹下派議員の口癖は『俺が東京から予算を持ってきた』。単なる『税金の運び屋』にすぎないのです。その結果、基本的なインフラである東西の高速道路やJR西日本の複線電化などが未整備のままなのです」

実際、島根県を車で走ると、周りの風景とは不釣合いなハコモノを目にする。県庁所在地の松江市には、パイプオルガンで有名な「プラバホール」（建設費は約二六億円）や競技場と見間違うほどの「県立美術館」（ハード整備費は約一一二億円）などがあり、出雲大社がすぐ近くの出雲市にも室内で野球などが出来る「出雲ドーム」（建設費は約五〇億円）や温泉施設の「ゆうプラザ」や「平成温泉」がある。先の鎌田氏は「似たようなハコモノがすぐ近くに建っている」と呆れていたが、まるで「税金の運び屋」の力の誇示が主目的であるかのようだ。

一方、基本的なインフラはたしかに抜け落ちていた。県が補助金を出してオープンした水族館「アクアス」は予想以上の集客を記録した数少ない成功例だが、入場者の約半分は広島県民が占めた。「中国山地を南北に横断する高速道路『浜田自動車道』が広島とつながっていたためで、島根県民が二割程度にとどまったのは東西の幹線道路整備の遅れが原因と考えられます」(アクアスの関係者)。

しかも公共事業のばら撒き路線は、小泉政権が発足した後も続いている。例えば、島根県は「予定通り高速道路は作ります」としか言わない道路族と一緒に建設推進を繰り返すだけ。住民のニーズが高い東西の幹線道路整備に集中投資するために、優先順位の低い「中国横断自動車道・尾道松江線」を凍結しようとは言わない。この路線は総事業費が約五〇〇〇億円で、竹下登元首相が生まれた掛合町のすぐ近くにインターチェンジが出来るため〝竹下道路〟と呼ばれている。

また「せめて一カ所に統合するべきだ」という声が根強いのに、県立民俗博物館と古代文化研究センターが大社町と松江市の二カ所に作られる予定になっている(両施設の総事業費は約一八〇億円)。なお大社町は青木幹雄氏の生まれ故郷である。

さらに中海干拓事業が中止になったかと思えば、その見返り事業として東洋一の「江島大橋」(事業費二四五億円)を建設しようとしている。交通量は一日約一万五〇〇〇台にすぎず、すぐ隣に橋(中浦水門)が架かっているのに、である。しかも江島大橋の完成後、既存の橋は数十億円から一〇〇億円もかけて撤去される見通しだ。

多少の削減傾向にはあるものの、無駄な公共事業に大鉈をふるわずに、バラマキを続けている島根県――政治的な発言の自由が乏しい竹下王国に、非効率な経済がはびこるのは当然といえるが、このままでは没落は避けられない。

地元企業の社長は、こう批判する。

「ただ公共事業をばら撒いても地域経済の活性化にはつながらない。商工会の会員は四〇〇名から三〇〇名に減り、人口の減少にも歯止めがかからない。倒産企業も続出し、自殺者も多い。いくらハコモノが立派でも、利用する住民が経済的に豊かでないと意味がないのです」

いま必要なことは明らかだ。「竹下政治」からの脱却である。「長いものに巻かれろ」で政治家に擦り寄るのではなく、「出雲たかはし」のような自立路線を進むことだ。そうすれば、島根県の潜在力が花開くのも夢ではないだろう。地元経済人はこう語る。

「これからは癒しの時代だと思っていますが、島根県にはすばらしい海、山、川が残っていますし、出雲大社もあります。島根は歴史的遺産や自然環境に恵まれていますが、十分に活かしていなかったのです」

先の「アクアス」の関係者もこう指摘する。「島根県には起業家精神が希薄です。『アクアス』にお客さんが来ても、道路沿いにレストランやおみやげ店を出す人がいない。観光立県としての意思が不足しています」。

日本を財政破綻に導く「竹下政治」は島根県だけでなく、日本全国に広がり根付いている。

竹下登元首相の秘書だった青木氏が島根県議（五期二十年間）を経て政界のドンになる間に、公共事業バラマキ癖という同じ〝遺伝子〟を受け継いだ族議員（抵抗勢力）は各地に土建王国を築いて君臨を始め、そして小泉政権下でも生き延びている。だから島根県の惨状は日本の縮図であり、近未来図でもある。土建政治構造の後継者である青木氏ら族議員の一掃こそ、国内最大の政治課題に違いない。

第九章　土建政治から決別する長野県政

一　県民益実現に奔走する田中康夫知事

田中康夫知事が誕生したのは、小泉政権が発足する半年前の二〇〇〇年十月十五日。田中県政も小泉政権も驚異的な支持率を記録したが、時がたつにつれて決定的な違いが生じていく。田中知事が浅川ダムをはじめ公共事業の凍結・見直しにまで踏み込んだのに対し、小泉首相は道路公団改革を叫びながら高速道路建設を凍結しないなど族議員との妥協に走った。

田中県政が一期目の折り返し地点にさしかかろうとしていた二〇〇二年七月、長野県議会が不信任案を可決、田中知事が辞職・再選挙を選択した頃、永田町にこんなジョーク流れた。

「田中康夫知事殿　公約なんか守ろうとするから不信任される　小泉純一郎」

口先改革の小泉首相と改革断行の田中知事――三年間に及ぶ長野県政の足取りを追うと、小泉政権のイカサマぶりが浮き彫りになっていくのである。

●浅川ダム工事の中断

当初の予測を覆し、無党派層の強い支持を受けて当選した田中康夫知事。その田中知事は、公共事業見直しや県政への住民参加など公約実現に向けてすぐに精力的に動き始めた。名刺折り事件が一段落した二〇〇〇年十一月中旬から、異論が出ているダムやゴミ処理場やハコモノの予定地を次々と訪問、現地視察と周辺住民との対話集会を重ねる一方、県内の市町村を回っていく「車座集会」もスタートさせた。知事の電子メールアドレスとFAX番号も情報公開、毎日届く数百通の県民の声にも目を通しながら、県内を飛び回る日程をこなしている。睡眠時間は三～四時間だという。

そんなハードスケージュールのためであろう、就任二カ月にして具体的な変化が随所に現われていた。例えば、「子供のためになるのか」「小児医療充実が先決」と批判されていたハコモノ「県子ども未来センター」（総事業費六二億円、県南部の南箕輪村）は、造成工事が始まった後、知事の発言で本体工事の入札が延期され、経費に見合った計画であるのかを住民を交えて再検討することになった。また「北アルプスの山麓『安曇野』の景観を損ねる」「既に並行して道路が走っている」と異論が出ていた地域高規格道路「松本・糸魚川連絡道路」も、十一月中に予定されていた県土木部主催の公聴会が延期。建設省お勧めの「ＰＩ（パブリック・インボルブメント＝計画段階からの住民参加）」と銘打った代物だったが、田中知事は「結論ありきのセレモニー」と一蹴、出直しを強いられることとなった。

極めつけは「地滑り地帯に建設する危険なダム」と住民が反対していた「浅川ダム」（長野市）だ。「前田建設工業・フジタ・北野建設」がダム本体工事を落札し、まさに伐採工事から着手しようとした十一月二十二日、田中知事は現地を視察、関係住民との対話集会（約五〇〇人が参加）で賛成反対の意見を聞いた上で、工事一時中断を決定したのだ。同時に、新たに設置する委員会で開かれた形で検討を進め、コンクリートのダムとは違う〝緑のダム〟（森林や貯水池などによる総合治水）を積極的に進める考えも表明。反対していた住民グループが、大歓声を上げたのは言うまでもない。

「入札済みのダムを中断したのは全国で初めてです。田中知事の公共事業への対応は立派だと思う。知事選で共産党推薦候補を応援した私が言うのも変だが」と長野市会議員（共産党）の原田誠之氏が苦笑いすれば、池田典隆支援に回った保守系県議の選対幹部の塩入啓一郎氏も「浅川ダム一時中止は英断。県議会でダム推進をするような県議はもう応援しない」と言い始めた。(注1)

こうした声が出てくれば、田中知事の支持率が高くなっても不思議ではない。地元紙は田中知事に満足している県民は八割に及んだ（県世論協会の意識調査）と報じた。知事選の得票率は四九％だったから、当選後、支持率は二倍近くに増えた計算になる。

これにケチをつけたのが、当時の堺屋太一経済企画庁長官。二〇〇〇年十一月二十九日夜、自民党衆院議員のパーティで「ジャンパーを着て野山を駆けめぐり、ここはやめるとかやっていれば、人気が出ることは誰だって分かる。今は（財政再建ではなく）景気対策に取り組まなければいけない時期。不人気でもやるのが政権政党だ」と言い放ったのだ。

翌三十日、すぐに田中知事は反論した。「私は県民の税金をいただいて、いかに少ない金額で県民の幸せを大きくするかの仕事をしている。堺屋さんが亀井さん（自民党政調会長）と同じようなばらまき発想のカンフル剤的な発言をなさるとは。本当に永田町は哀しい」。

自民党は自己否定されている気分だろう。二〇〇〇年六月の総選挙で自民党は、公共事業推進という伝統的手法を踏襲、東京などの都市部で惨敗したものの、地方では野党を圧倒し、何とか政権与党の座を維持することができた。公共事業推進は地方ではまだまだ通用する、と自民党幹部は胸をなで下ろしたに違いない。

しかし十月の長野県知事選では、公共事業推進を掲げた池田典隆氏が一一万票の差であえなく敗北。公共事業見直しに踏み込む田中知事が、当選後も圧倒的な支持を得ている。自民党が自分と正反対の田中知事人気に危機感を抱き、ケチをつけたくなる気持ちはよくわかる。

●車座集会という直接民主主義

それにしても、ここまで県民の心を捉える魅力は何なのか。県民はいったい何を期待し、知事はどう答えていったのか。

二〇〇〇年十一月二十五日、田中知事が直接県民と対話する車座集会「知事と語ろう長野県の明日」の第一回目が、南佐久郡川上村で開かれた。八ヶ岳山麓に位置する川上村は、人口五〇〇〇人足らずの農村。レタスなどの高原野菜の一大産地として有名だ。

昼すぎ、川上村の村文化センターには村内外から約四〇〇人が集まり、何重もの半円状に並べられた椅子に腰掛けていた。二十分ほど遅れて登場した田中知事は、まず既に寄せられていた質問に答えた後、自由な発言時間となった。挙手した住民（約二〇人）が次々と質問や意見を言い、その都度、知事が答えるやりとりが約三時間ほど続く。そんな知事と住民のキャッチボールを通して、いくつかのテーマが議論されていった。例えば、全農と県経済連の合併問題については、田中知事がこう切り出した。

「（農産物の流通を担う）長野県経済連と全農の合併問題は、農家だけでなく消費者の食卓の問題でもあります。農業の優等生である長野県経済連が、なぜ全国組織の全農との合併をする必要があるのか。一元的なコントロール下に置かれることが、果たしてプラスになるのか。企業は分社化の時代なのに、合併を急ぐのは疑問だ」。

すると会場からは「県の農業に与える影響は大きい。是非、合併阻止で頑張って欲しい」といった賛同の意見が相次いだ。

市町村合併の質問が出た時も、知事は分社化を引き合いに出した。

「橋本大二郎・高知県知事と対談した時、橋本さんは『愛着のある地名が無くなるのは寂しい』と話していた。いま企業は分社化の時代なのに、なぜ行政だけが規模拡大の効果を追い求めるのか。住民から出た話なら別だが、中央の命令による市町村合併であれば、地域にマイナスではないのか」

すかさず別の男性がマイクを握った。「川上村の名前が消えるのは寂しい。自治省（現・総務省）の圧力に負けずに頑張って下さい」。

開始早々の三十分間で、知事の闘う姿勢が見えてきた。住民の声や意見に耳を傾け、その民意を反映させることに尽力する。たとえ全農や自治省（現・総務省）といった巨大組織でも立ち向かっていくというわけだ。

また厚生省や通産省が推進する「ゴミ処理の広域化・大型焼却炉の設置」も変更されそうだった。佐久町の女性が国とは違う方法（小型焼却炉による狭い地域での処理）を提案すると、田中知事は県の独自案を重んじる考えを示したからだ。その女性は、こう発言したものだ。

「国の広域化は大型焼却炉につながって問題です。私が住む佐久町を含む八町村では、七〇億円もするガス化溶融炉が提案されています。でもダイオキシンを出さない小型焼却炉が開発されるのは確実です。国とは違ったゴミ処理を考えるために、住民を交えた検討委員会を設け、県独自の条例をつくって欲しいと思います」

田中知事はこう答えた。「大変、示唆に富む意見だと思います。地方自治の法律が変わり、国

住民との直接対話で民意を反映させようとする田中康夫知事。穂高町で開かれたゴミ問題に関する住民集会で。

の法令と県の条例が同等になってきている。ゴミに関しても委員会を設けたいと考えています」

さらに諫早湾干拓や川辺川ダムを推進する、悪名高き農水省旧構造改善局関係の話も出た。専業農家の林長一氏から、旧構造改善局の土地改良事業の問題点がズバリ指摘されたのだ。

「畑を造成する農水省の補助事業（土地改良事業）では、農家の意見が設計や施工で聞き入れられてもらえません。工事費が非常識なほど高いのですが、お金がどうやって使われているのかを農家が監査する権限さえありません。補助金があまり役立っていないような気がします」

この意見に対しても田中知事は「終わった後で個人的に話を聞きたい」と強い

関心を示した。農家の横に座っていた村民も「この人の言う通り」と頷いていた。場をあらためて、農家の林氏に聞いてみた。

「以前、『工事費が高い。工事費の内訳を教えて欲しい』と県の出先機関に申し入れましたが、『そんなことを言うのはおまえが初めてだ』と拒否されました。工期が遅れて事業費が膨らむことも当たり前で、役人や建設業者のための事業であることは周りの農家も気が付いていました。ドイツのように農家が業者を選定したり、自分たちで施工をすれば、工事費は半分以下で済むのは間違いありませんが、今まで役人も政治家も農家の声を聞こうとせず、こんなものかと諦めていました。でも田中知事なら、このタブーにメスを入れてくれると思って車座集会で発言しました」

車座集会に戻る。〝爆弾発言〟は、建設業者の中嶋啓治氏（「総栄興産」社長）からも飛び出した。

「公共事業の指名入札で、影の部分を見てきました。不正が行なわれているのです。入札制度について見直して、一般競争入札を導入して欲しい」

すると田中知事は、現状を把握した上で透明でよりよい入札制度を模索したい、と意欲を示した。

実は車座集会の前日、中嶋社長は田中知事宛にＦＡＸを送っていた。それは「公共事業の影の部分」をまとめたもので、以下のような内容だった。

〈九〇年頃、民間の工事で実績を積んだ後、公共事業の指名入札に初参加した私（中嶋社長）は、官民一体の談合が横行していることを知って驚いた。談合に加わらないで予定価格の八割位で落札して、またビックリ仰天した。それでも民間工事に比べ利益率が良かったためだ。談合に加わって予定価格ぎりぎりで落札すれば、四割～五割は儲けになることが分かった。すぐにこのあたりを仕切るH社から呼び出しを受けた。そして「談合は必要悪。建設業協会に入り、落札価格の二％を納めるように」と忠告を受けたが、拒否すると、指名が全く入らなくなった。

行政も談合を黙認していた。村役場の担当者が私を本命（業界用語で『婿様』や『チャンピオン』と呼ばれる）と勘違いして、予定価格を見せてくれたこともあれば、県の入札で合同庁舎に行くと、担当者が談合をしてくださいと言わんばかりに『この会議室を使って下さい』と言ってくれたこともあった〉

知事宛の手紙についての説明をした後、中嶋社長は田中知事への期待をこう語った。

「知事選で川上村の村長は池田支持で動きましたが、私は田中さんに入れました。公正な入札が期待できると思ったからです。努力する会社が報われるようにして欲しいと思っています」

川上村の車座集会では、さまざまな意見が出された。こうした民意を反映させるべく知事を先頭に長野県庁が奔走すれば、莫大な効果が上がるのは確実だ。例えば、建設業者の中嶋社長が問題提起をした入札制度を透明化して談合を根絶すれば、落札率が下がって公共事業費の二割程度の削減が可能になる。また農家の林氏の言うように土地改良事業を農民主導にして会計監査の権限も与えれば、農水省旧構造改善局の土地改良予算は半減できるに違いない。さらにコンクリートのダム計画を“緑のダム”に転換すれば、「危険性も環境破壊も建設予算も少なくて済み、中小の建設業者の仕事も増えることになります」（浅川ダム建設阻止協議会の水本悟事務局長）というメリットが生じる。

これに加えてゴミ処理でも、本体価格がバカ高く耐久性も疑問視されている「ガス化溶融炉」などの大型焼却炉を購入しなくても済む、という具合である。

●「松本・糸魚川連絡道路」が止まった

知事選で「安曇野勝手連」が結成され、ミニ集会をきっかけに支持の輪が広がった、南安曇郡穂高町も訪ねた。

松本から北に向かうJR大糸線に乗って三十分ほど。北アルプスの山麓に位置する穂高町は、日本一の生産高を誇るわさび園やのどかな田園風景で知られる安曇野の一部にある。アカマツ林の中を走れば、道路沿いにホテルやペンションや美術館や別荘地が点在し、この地に魅せられて足を運ぶ観光客は年間二〇〇万人を超える。

この安曇野を南北に突っ切る地域高規格道路「松本・糸魚川連絡道路」計画が、急浮上したのは二〇〇〇年に入ってからだった。松本と糸魚川間の約一〇〇キロを結ぶこの道路計画は、三十年前から地元経済団体や自治体が要望していたが（当時は豊科起点）、一九九八年には計画路線、一九九九年十二月には約一五キロの区間（堀金から大町）がルート検討を行なう調査区間に格上げされる間に〝安曇野寸断案〟が最有力になった。ところが、大半の住民がごく最近までこの計画の具体的内容を知らされていなかった。

表沙汰になった途端、「安曇野の景観を損ねる」「大町より南は必要性に乏しい」といった異論が噴出し、四月には住民グループ「安曇野に高速道路はいらないネットワーク」が結成された。また観光施設の関係者の中には、計画の必要性を問うアンケート調査を始める人たちもあらわれた。

これに対し県土木部は、おざなりの地元説明会で事足り（穂高町では数十人が手を上げていたのに打ち切られた）、シンポジウムやアンケート調査を行うＰＩ（計画段階から住民の意見を反映させる手法）で事業化を進めようとした。

ところが住民が情報公開で入手したＰＩに関する県の内部資料には、住民の動きが箇条書きにされ、「反対する人々とは恐らく平行線（理解が得られない）」などとも書かれていた。形だけの住民参加でお茶を濁そうとする行政の本音が透けて見えてしまったのだ。

そんな頃、道路推進の池田候補の対抗馬として田中康夫氏が立候補する構えをみせた。松本を訪れた田中氏に会いに行った住民は、「公共事業はゼロに戻して住民と話し合う」という言葉を聞き、民主的な政策決定プロセスを大事にする田中氏を知事にと考え、正式な表明以前から「安曇野勝手連」の結成に動き出した。そして数十人のミニ集会を手始めに、次は数百人規模、選挙戦終盤には一〇〇〇人を超える集会が開かれていった。

ただ勝手連に関わったCさんは「道路を止めてほしくて田中さんを応援したわけではない」と語る。「県職員のやる気を引き出したいという田中さんに、公共事業を強引に押し進めようとする今までの県のやり方との違いを感じました。また『声高に反対を叫ぶ運動とは違う、田中流市民運動です』と言う田中さんに共感したのです」

そのCさんが評価していたのが、インターネットで知り合った学生と住民が町内で開いた「ミニ対話集会」。県土木部は「PI以外はやらない」と出席を拒否したが、穂高町建設課が道路計画の経過や推進理由を説明、松本青年会議所も広域的なネットワークの重要性を訴え、一方で専業農家やペンション経営者は生活環境への悪影響を指摘し不要論を展開したという。このミニ対話集会に参加した専業農家とペンション経営者に聞くと、いずれも田中支持派だった。農家のDさんはこう語る。

「農協の長老幹部は池田支持に回りましたが、私は田中氏に入れました。松本糸魚川線も同じですが、計画がほぼ決まった時点で、一方的に伝える県のやり方に頭に来ていたからです。安曇野は米作りに適したところではありませんが、長年の苦労の積み重ねで美味しいお米を作れるようになった。その田んぼを道路が突っ切る計画を止めて欲しい期待感もありました」

この一帯は安曇野米の産地。「新潟米よりもおいしい」と聞いたので、安曇野米を出すペンションで試食してみると確かに評判通り。これをDさんに告げると、笑顔を浮かべた後、寂しげにこう続けた。

「大半の農家は『田んぼが道路予定地に入れば賛成、入らなければ反対』が本音です。農産物の価格低下や後継者難で、道路の補償金をもらって楽になりたいと思っています。いまの米の値段じゃ若夫婦が子供を育てる収入を得るのは難しく、新規参入者が育つ環境にもない。安曇野の景観を支える農業が続けられる施策も考えて欲しいと思います」

ペンション経営者のEさんにも聞いてみた。「高規格道路の幅は五〇メートルもあり、美味しい安曇野米が取れる田んぼをつぶし、景観やわさび園の水への悪影響も心配されます。道路が並行して走っているので必要性もありませんし、冬に凍結防止にまく塩カルや騒音が米づくりや畜産にどんな影響を与えるのかもわかりません」。

町内の「学者村」と呼ばれる別荘地でも、道路計画への反対意見と田中知事への期待の声が出ていた。管理事務所の職員はこう語る。

「ここは前の町長と民間業者が一緒に、景観にマッチするように開発した別荘地です。大学の先生が多く、静かな自然が気に入って定住する人もいる。反対意見を町長や県土木部に送った先生もいます。是非、田中知事に計画変更をお願いしたいと思っています」

こうした住民の声を受けて田中知事は、土木部主導のPIを一蹴、住民の意向を反映する方針を打ち出した。すると、国土交通省から県庁に出向していた光家康夫土木部長（後に更迭された）の態度も急変した。田中知事の当選前は、Cさんの道路計画に関するアンケート調査にケチをつけていたが、当選後になると丁重な答え方になったという。結局、この道路計画は凍結されたまま、環境破壊が無視できるレベルへの見直しが進むことになった。

田中知事の姿勢は一貫していた。ダムや道路建設にこだわる国土交通省や事業推進派の県議らと激突することになっても、ひたすら住民の声に耳を傾けながら、問題のある公共事業を徹底的に見直していく。こうして田中県政は土建国家から決別に向けて第一歩を踏み出したのだ。

（注1）　浅川ダム中断が決まった瞬間：推進派県議の選対幹部だった塩入啓一郎氏の回想

浅川ダムの対話集会は約五〇〇人が参加し、反対派と賛成派が半々だった。ヤジが飛んですごかったが、「三〇番で打ち切る」と言われる中、二九番目に発言した。私は信州新町出身。百五十年前に善光寺地震で岩盤地滑りが発生、二次災害で一万人が亡くなった。私は、この話を先祖から伝え聞いていた。少年時代には東京電力の「水内ダム」ができた。完成して間もなく大量の土砂が貯まって水位が上昇し、上流の高台にあった家が三年に一回ぐらい浸水するようになった。それでも東京電力は「おたくの家は高台にあるから天災」と責任を認めない。私たちは涙を飲んで懐かしい故郷を去り、長野市の若槻団地に引っ越した。

ところが家を建てた途端、浅川ダム計画があるのを知った。ダムの恐ろしさを身を持って感じている者として「反対しないといけない」と思い、先祖の悲惨な思いも含めて浅川ダムの対話集会で話した。まず「下流域の水害地域の住民のお気持ちもわかります」と言った上で、「岩盤地滑りがあったら、どうしますか」と拳を振り上げて言った。大きな地滑りがあった場合、ダムがオーバーフローする。地震でダム本体がひっくり返ることも考えられる。「住民への被害は大きい」と言ったら、ヤジを飛ばしていた賛成派も黙って聞いてくれた。

私の後、ダム賛成派の多い水害地域の住民（女性）が話した。「今の方の話を聞いて、わからなくなりました」と。そして、それまで両派の意見をじっと聞いていた知事が「浅川ダムは一時中止します」とまとめた。反対派は大喜びで賛成派はシーンとした。

田中知事が誕生する前の吉村県政時代には、賛成、反対という声を出す場がなかった。浅川ダムも同じで地域の区長会が中心となって賛成し、それに従うしかないという雰囲気を作っていた。鉄のカーテンが県庁と県民の間にあった気さえするが、とにかく行政の言うことは全て罷り通り、県民の意見が反映されることはなかった。検討委員会などの審議会も県主導だから県の言う通りの結論しか出さず、チェック機能を果たしていなかった。

二「きこり講座」で建設業者の受け皿づくり

「それでは、四角の中の木を数えて下さい」

二〇〇一年九月十七日、長野県山之内町。熊よけの鈴をつけた長野県林務部職員の声が、木漏れ日のもれる杉林に響いた。目の前には、白いテープで囲った一辺一〇メートル四方のワクが出来ている。早速、ヘルメットをかぶった「信州きこり講座」の受講生たちは、杉の本数を数えて記録誌に書き込んでいった。

二〇〇一年七月、長野県で新しい試みが始まった。「森林整備技術者養成講座」、通称「信州きこり講座」である。受講料は無料で、百時限の受講を終え総合評価をクリヤーすると森林整備への参入資格が得られるため、四三〇名の受講生のうち約八割を建設造園業者が占めた。

この日の「間伐実習」を受講していたTさんも、地元の建設会社に務める中堅社員だった。「下水道工事が一段落し回る現場がなくなったので、参加することにしました。こんなに仕事がない年は初めてですが」（Tさん）。

「きこり講座」開設は、田中知事誕生に端を発している。就任直後から公共事業見直しに精力的に動いた田中知事は、十二月の県議会でダムに象徴される旧来型公共事業から森林整備や福祉などの環境・生活密着型への転換を宣言した。初めての予算編成でも〝田中知事色〟は鮮明にあらわれた。「旧来型公共事業の二五三億円削減」と「新たな公共事業（森林整備や福祉関係など）への重点配分」が特徴の平成十三年度予算を組み上げたからだ。ちなみに森林整備は、十二年度の補正を含めて一・四倍の五三億円に増加した。

まさに「土建国家からの決別」を感じさせる予算であった。今まで公共事業削減が困難だったのは、「建設業者が食えなくなり、地域経済にも打撃を与えるので、無駄だと思っても切れない」（地方自治体幹部）ためである。この〝泥沼〟から抜け出るべく田中知事は、建設業者の新たな受け皿を造ろうとした。そして森林整備に白羽の矢を立てたのだ。旧来型公共事業の見直しによる「歳出削減」と、環境・福祉・教育予算への重点配分による「雇用創出」を同時に進め、財政難の中での産業構造の転換をはかろうとしたのだ。

きこり講座を開いていた県庁の出先機関の一つ、「北信地方事務所」（中野市）では、講師を務める職員からこんな嬉しい悲鳴が上がった。

「課題山積です。今までは予算・人材・間伐材の流通、全てが細いパイプだった。それを一気に太くする必要があるのです」。そして近くの薄暗い林を指さして、こう続けた。

「『森林整備＝間伐』とみても、ほぼ間違いありません。木を間引く『間伐』をしないと、暗くて下草が生えないモヤシのような林になり、土砂崩れを起こしやすくなるのです。森林は、植林・下草刈り・間伐のサイクルを繰り返しますが、現在、人工林が植林から三十年から四十年経過し、間伐期を迎えているのです」

緊急に整備すべき森林面積は一〇万九〇〇〇ヘクタールと見積もられ、今回の予算増で十三年度の間伐実施面積は前年比の一・六倍になった。しかし森林整備の担い手である「森林組合」は高齢化が進み、人手不足が深刻であるため、人材確保と建設業者の新たな雇用創出を狙って、「きこり講座」が開設されたというのだ。

これに対し、これまで森林整備をほぼ独占的に担ってきた「上小森林組合」（上田市）の荻原幸春専務は、「地域林業の担い手は森林組合しか無いという信念の元に、私共は若い後継者づくりや高性能機械の導入など、近代林業に積極的に取り組んできています。それだけにゼネコンなどの新規参入者は山造りの大変さを謙虚に受け止めて欲しい」と語る。

●課題山積の森林整備

課題は他にもある。「間伐で切った木を流通させないと、森林整備が上手く回っていかない。県産材を買う人をいかに増やすのかが大切なのです」（林務部職員）。ただし、この間伐材の需要拡大についても県をあげての取り組みが始まっていた。

まず県庁一階のスペースが、県産材を使った椅子や机の展示会に使われていた。田中知事自身も「県産材を学校などの公的施設で使うようにしたい」と機会があるごとに訴えた。

また林務部若手職員のK氏は、九月中旬に飯山市で開かれた芸術祭にあわせて、「信州の木で造った家を見学しようツアー」を企画した。イベント会場で募った参加者をワゴン車に乗せ、県産材で建てた家に案内したのだ。「行きの車内では『間伐材は質が悪いのでは？』と皆さん疑心暗鬼でしたが、見学後は『建ててみたい』と好評でした」（K氏）。

さらに県内の公的施設が県産材で建てられる場合も増え、コンクリート造りの保育園に県産材の板を張り付ける補助事業もスタートした。民間でも、地元工務店が声をかけ、県産材の家を広める会が結成される動きも出てきた。

先の上小森林組合も協同組合「上小林材」（カラマツ材加工施設）を設立、需要が少ない材（中目材）を加工し一般住宅用の建材として流通させる取り組みを始めた。その一方で、村内のカラマツやスギを使った「和田村小学校」の建設にも関わった。上小森林組合が間伐材の伐採・搬出・製材・脱脂乾燥を受け持ったのだ。

田中知事が見学し絶賛した和田村小学校を訪ねると、木の香ばしい匂いが漂い、言い知れぬ木の温もりも伝わってくる。広くて明るいドーム型のランチルームは、豪華なペンション並の開放感に満ち溢れていた。「生徒にも先生にも大好評です。建材に不向きのカラマツを使ったのは初めてで、乾燥条件を工夫したそうです」（村教育委員会）。

和田村小学校建設に関わった荻原専務は「県産材の木造建築は地元にカネを落とす」と地域経済へのメリットも指摘する。「鉄筋コンクリートだとゼネコンが人も材料も手配しますが、木造だと地元の業者が仕事を請負うので雇用創出効果が高いのです」というのだ。

しかし先行きは甘くはない。外国産材の攻勢が激化し、国産材のシェアは二割程度に落ち込んでいる。その結果、「木を切っても売れず、手間をかける人も減って山が荒れる」という状態に陥っているのだ。「経済至上主義の流れをどれだけ押し戻せるのか。県産材の競争相手は輸入商社や外材を使う住宅メーカーです」（林務部職員）。

●建設業者の不満と期待

一方、建設業者は「きこり講座」をどう見ているのか。否定的な建設会社社長もいた。「山仕事は危険で労災も多く、重機の操作ばかりしている社員に『山仕事に行け』と言えば、辞める人も出かねない。それに二五三億円の公共事業削減に比べれば、森林整備の増加（一五億円）は微々たるもの。ダム建設中断は評価するが、このままでは建設業者の倒産は続く。木材搬出用の林道など森林整備に関係する公共事業を確保すべきだ」

たしかに現時点では、森林整備が建設業者の受け皿として十分な大きさだとは言いがたい。二〇〇〇年六月より建設業者への入札参加が始まったが、十月時点では森林整備事業の一〇二回のうち、約九割（九一件）を森林組合が落札、建設業者の落札は六件にすぎなかった。しかも建設業者に門戸を開いた後、労災件数が増えたり、慣れない作業で山が荒れていることも起きているのだという。

また森林整備の増額分（一五億円）の雇用創出は、三三二〇人と試算されている（一億円当たり二二人）。一方、公共事業費の二五三億円削減で失われた雇用は二一〇〇人である（一億円当たり八・三人）。森林整備は従来の公共事業に比べ、人件費の割合が大きいため雇用創出効果は二倍以上高いが、森林整備の増加額は削減額より一桁少ないので、雇用喪失分を埋めきれないのだ。

さらに木こり講座が終わるごとに、参入資格者はどんどん増えていく。「森林整備予算は今の一〇倍は必要だろう」（荻原専務）という指摘が出るのはこのためだ。

旧来型公共事業から森林整備への転換は、そう簡単にはいかないようだ。当分は、公共事業削減による建設業者の失業分を森林整備などの雇用創出で埋めきれない厳しい事態が続くことも十分に考えられる。

しかし日本の財政赤字が極限に達しようとしている今、長野県のような思い切った構造改革抜きには、土建政治から決別することは不可能だ。族議員との茶番劇で〝改革〟を演出するだけの小泉政権と違い、長野県は混乱と痛みが伴う構造改革の厳しい道を実際に歩み始めたといえる。田中知事こそ、改革のフロントランナーなのではないか。

三　田中知事と小泉首相の違い

二〇〇二年九月一日二十時、長野県朝日村の多目的施設「緑のコロシアム」。テレビモニターで当確を見届けた田中康夫氏がマイクの前に移動し、天龍村のお茶を注いだプラスチック製のカップを高らかに掲げた。乾杯と同時に、支持者の歓声が冬はスキー場となる山の斜面に響き渡り、田中氏は淡々と選挙戦を振り返り始めた。

「今回の知事選は争点なき選挙といわれましたが、明確な争点がありました。県政を夜明け前に戻すなと訴え、そして県民は包み隠さない改革の続行を選んだのです」

「そうだ」と支持者が呼応する。

「前回はシャンパンで乾杯しましたが、今回は天龍村のお茶です」

県内最南端の天龍村――。失職後初のミニ集会をこの山村で開いた田中氏は、お茶の栽培農家から「昔は鮎が群れをなして川を上ってきたが、佐久間ダムが出来てからはいなくなってしまった」いう話を聞いた。「あの一言で本当に勇気づけられた」と村民に告げた田中氏は「脱・ダム宣言」に象徴される公共事業見直し路線に自信を深め、約一カ月半の選挙戦では県内の過疎地域を精力的に回り、再選を勝ち取ったのだ。

ステージの上に並べられたモニター画面に、選挙結果を伝えるニュースが次々と流れていく。最終結果は、長谷川候補の四一万票に対し八二万票とダブルスコアで田中候補の圧勝。前回に比べ得票数も得票率も大幅に伸ばし、圧倒的な信任を得た形となった。

今回の知事選は、不信任決議をした県議四四名と失職を選んだ田中候補との戦いだった。その最大の争点は、既得権益や政官業の癒着を一掃するか否か。〝改革派〟と呼ばれる知事や評論家らは「もう少し上手くやれないのか」と苦言を呈したが、田中知事が県議の既得権益に徹底的にメスを入れようとすれば、対立が激化するのは不可避である。七月六日付のワシントンポストが「土建政治改革に挑戦した若き知事」「族議員と妥協した小泉首相とは対照的」と指摘したのはこのためだ。

実際、田中陣営は、ミニ族議員というべき県議の既得権益を繰り返し指摘していった。投票日の二日前の八月三十日、五〇〇人が詰め掛けた臼田町の個人演説会では、田中知事誕生の立役者の一人である佐々木都氏（前回の知事選で池田典隆副知事の出馬に疑問を投げかける署名運動をした）が登場、県議の特権階級ぶりを披露した。

「前知事の吉村県政時代には、県議を介さないと県職員に会えませんでした。福祉関係の助成金をお願いしたことがあったのですが、石田治一郎県議（県政会名誉会長）の都合のいい時間が指定され、やっと社会部長と会えました。その場で石田県議は『社会部長、出してやれよ』と言い、県に助成金を出していただけることになりましたが、俺のお陰で決まったという感じでした」

続いて登壇した田中氏も、県議は税金で海外視察ができる、桜を見にアメリカに行くこともあった、二億三〇〇〇万円の政務調査費を領収書なしで使える、と次々と暴露した。すると、会場からは「本当か」という声が飛んだ。

また田中氏は「ダム中止で国の補助金を返すのは長野県にとってマイナス」という県議の主張にも反論した。「調べてみると、補助金の割合よりも県外ゼネコンの請負割合が多いことがわかった。ダムの代わりに地元建設業者が受注しやすい河川改修や森林整備の方が県にはプラス」

と訴えたのだ。

県外ゼネコンより地元建設業者を重視するのは、田中氏の一貫した政策だった。二〇〇一年度から始まった「参加希望型指名競争入札」もその一つ。今までゼネコンの下請けや孫受けでしか仕事が取れなかった小規模建設業者（D・Eクラス）を、元請としての施工能力を評価した上で、一般競争入札（従来は指名競争入札）に参加できるようにするというものだ。「この制度を道路修繕事業に導入したところ、一〇割に近かった落札率（落札額／予定価格）が八割にまで下がりました」と田中候補は誇らしげに訴えた。

今回も田中氏に投票した建設業者の中嶋啓治氏（「総栄興産」社長）は、この入札制度を高く評価する。

「吉村県政時代、談合で仕事を回してもらう代わりに落札金額の二%を建設業協会に払う慣例を拒否したら、ずっと指名に入れない状態が続いていましたが、半年前に田中知事が導入した参加希望型指名競争入札があり、久しぶりに入札に参加できました。約三〇社が参加しましたが、これだけ業者が多いと談合は成立せず、落札率は七割台にまで下がりました。県議が不信任決議をしたのは政官業の癒着を温存したいためと思えて仕方がありません。建設業協会への献金が県議に回っているのかと疑いたくもなります」

裏献金の真偽はさておき、田中知事は既得権益の根絶や公共事業絡みの利権一掃に邁進し、その姿勢を大多数の県民は評価したといえるだろう。

●「田中知事 対 県議」の行方

しかし今回の圧勝について千葉大学新藤宗幸教授は、「議会の多数派が彼（田中氏）の軍門に下るとは思えない」（二〇〇二年九月二日付『信濃毎日新聞』）と指摘、県議会の対立は解消されず、混乱は続きかねないと懸念した。

これに対し田中氏は、県議会選挙によって民意の捻れを解消するべきという考えだ。記者会見でも県議選への関わりを否定せず、「海外視察の撤廃、政務調査費の領収書義務化、土日でも開ける県議会改革」を柱にするといいのではないか、という提案もしていた。選挙中も「県議には建設会社の経営者もおり、副業で県議をしているともいえる。それなら土日に議会を開いてサラリーマンが県議になってもいいはず」と訴えていた。

この田中氏の意見に、田中選対幹部の木下豊氏は大賛成だった。「私たち支持者も新人候補を五人、一〇人と出して、知事と二人三脚を組む形で県政改革をしたいと思っています」。

また不信任決議をした県議を見放す人も出てきた。浅川ダムの下流域の長野市若槻団地に住む塩入啓一郎氏は、鈴木清県議（「政信会」）の選対副本部長を務めていたが、不信任決議の翌日、「あなたと一緒にもう歩けませんね」と決別の電話を入れた。

「（危険な活断層近くに計画されている）浅川ダム中止は若槻団地の住民のほぼ共通した願いでし

た。民意を反映させるべく頑張った田中知事を、任期途中で不信任決議をするのは許せなかったのです」（塩入氏）

今回の知事選は田中知事と反田中派県議の闘いの第一ラウンドであり、次の天王山は、二〇〇三年四月の県議選ということなのである。

また先の新藤教授は「にぎやか報道の割に中身は低調」と知事選を評した。だが現場に行くと、中央集権から地方分権に転換しようとする田中氏の意気込みが伝わってきた。

選挙戦最終日の前日（二〇〇二年八月三十日）、最後の個人演説会を臼田町で終えた田中氏は、一路北に選挙カーを走らせた。向かうは長野県最北で新潟県と接する栄村。選挙戦最終日の第一声を人口三〇〇〇名足らずの山村で上げようとしたのだ。なぜか。翌朝、追っかけのために地元のタクシーに乗ると、「村長は『田中知事はオレの弟子』と言っていましたよ」と運転手は教えてくれた。どうも長野県政のお手本が栄村ということらしい。

朝八時すぎ、「田中康夫でございます」という独特の声が山の間に響いたかと思うと、選挙カーが村の総合センターに現われた。ビール箱のお立ち台で田中氏が「改革の原点は栄村です。栄村の『道直し』と『田直し』が私のビラに書いてあります」と辻説法を始めると、高齢者の多い二〇人ほどの村民に笑みがこぼれた。次の極野集落では、改革の師匠とされる高橋彦芳村長が田中候補を出迎え、一緒にマイクを握った。青々とした田んぼの道端で村民たちが訴えに耳を傾ける。たしかに田中氏の法定ビラにはこう書いてあった。

2002年9月1日夜、朝日村の緑のコロシアムで再選を祝う田中康夫知事と支持者。手にしているのは、天龍村のお茶。

「私たちが望む産業と雇用の創出『五直し』（中略）③道直し　一・五車線道路を始めとする長野県独自の規格を検討し、新たな県道のあり方を確立します。④田直し　U字溝を始めとする環境負荷の大きい農業土木工事を減らし、農地改良やほ場整備のあり方も、事業のための土地改良という従来の発想を排し、一人ひとりの生産者の視点で改めます（以下略）」

再び祝賀会場となった朝日村に戻る。支持者への報告を終え、深夜の記者会見に臨んだ田中氏は、ここでも補助金に頼らない費用対効果抜群の手法である栄村独自の道直しと田直しに触れた。農水省の土地改良事業からの決別が「田直し」であり、国土交通省の画一的規格の見直しが「道直し」にあたると説明したのだ。それは、永田町と霞ヶ関への〝宣戦布告〟でもあった。「中央から地方に財源移譲すれば、より効率的に公共事業（道路整備や土地改良事業や河川改修）を進められますよ」と言っているに等しいからだ。土建国家から決別する道筋をはっきり示し、田中知事は県議とのバトルを締めくくったのである。

●田中知事に共鳴する人びと

小さな町村で暮らす住民の声にも耳を傾け、その生活や自然を破壊するものには断固立ち向かう――田中康夫知事の立場は、初当選の時から一貫している。「脱・ダム宣言」で全国に知れ渡ったダム問題だけではない。北アルプスの山麓に広がる「安曇野」（日本一のわさび園で有名）を南北に突っ切る地域高規格道路「松本糸魚川連絡道路」計画は、田中知事の当選後に凍結され、環境破壊ができるだけ少なくなるような見直しが進んでいる。穂高町などの周辺自治体の住民が「安曇野の景観を損ねる」などと反対していた民意をしっかりと反映させたのだ。諫早干拓事業をはじめ必要性が乏しく環境破壊も伴う公共事業を進める小泉政権とは全く対照的だ。

二〇〇三年四月十三日の長野県議会選挙（定員五八名）には、そんな田中知事の姿勢に共鳴する無党派候補が次々と名乗りを上げた。一月二十日には、実質的な後援会組織といえる「しなやかな長野県をはぐくむ会」（小林誠一事務局長）の三人の女性会員が県庁で記者会見に臨んだ。地域高規格道路計画予定地だった南安曇郡（定数三名）でも、道路問題に取り組み、かつ田中知事の支援者でもある二人の無党派候補が立候補、前々回の無風選挙が嘘のような激戦区となった。その結果、前回の一九九九年の県議選では一〇もあった無投票の選挙区が今回は皆無となった。田中知事誕生による県政の劇的変化は、県議選出馬のハードルを下げ、政治的緊張を生む効果も併せ持ったのだ。

先の三人の女性候補のうち、下伊那郡（定数二名）から出る天龍村在住の熊谷美沙子氏は、民宿を経営しつつ子育てをする主婦である。立候補の動機を聞くと、「県民益のために頑張っている田中知事が昨年の県議会で不信任され、悔しい思いをしました。それで知事を支える県議が必要と思ったのです」という答えが返ってきた。

熊谷氏は県議会の一新を訴えていた。政策面では「ダム・道路・橋などの公共事業中心から環境・福祉への転換」であり、政治倫理面では「私利私欲のない県民のための新しい県議会を創る」として、①議員報酬を三割削減、②月額三一万円の政務調査費の全廃、③年間運営費に六六〇〇万円かかる議員公舎廃止、を具体的に挙げていた。

さらに市町村合併に関しても、田中知事の考え方とほぼ一致していた。熊谷氏は「小さい天龍村が生き残れるのかどうかの瀬戸際です。合併問題は『こんなに大変なら合併しないといけないな』と誘導される人が多く、非常に危惧しています」と話し、会報では「国主導ですすめる市町村合併には反対！　二〇兆円もの合併特例債で新しい箱モノを造っても子ども達に借金を残すだけです」と訴えていたからだ。

「改革」「改革」と叫ぶだけで族議員との茶番劇（政治ショー）しか芸がなくなった小泉首相と違い、田中知事は改革を実行に移し、既得権者（抵抗勢力）との激突をさけることはしない。県民益実現のためには、相手が県議であろうが国であろうが立ち向かっていく。小さな町村の存亡に関わる市町村合併についてもそうだった。

●市町村合併の代替案も模索

現在、小泉政権のおすみつきをもらいながら総務省が進めている市町村合併は、「首都機能移転」のミニ版というべき新型バラマキ事業である。最近では見向きもされなくなった首都機能移転だが、当初は「行政改革の起爆剤」と持ち上げられ、「我が県に新首都を」と各地で誘致合戦が起きた。しかし莫大な費用がかかる割にどんな行革効果があるのかさっぱり分からず、結局、立ち消え状態に陥った。首都機能移転を言い出したのは自民党のドンであった金丸信氏だが、何十兆円もの新首都建設予算をバラまくことで建設業者を儲けさせ、一部をピンハネする狙いは見え見えだった。

「平成の大改革」と呼ばれる市町村合併も、特例債というアメ玉が差し出された結果、合併計画が各地で持ち上がっているが、新しい場所に立派なハコモノ（新庁舎）を作り、道路などの周辺整備をしても、どんな具体的な効果があるのか明確ではない。首都機能移転と同様、自民党が新庁舎や道路の工事で潤う建設業者からピンハネすることになるのが関の山だろう。

自民党と建設業界のためとしか思えない市町村合併に対し、田中知事は「分社化の時代に、なぜ行政だけが規模拡大効果を求めるのか」（二〇〇〇年十一月二十五日の第一回車座集会）と異論を唱え、二〇〇二年九月の再選直後の記者会見でも「欧米では小さな町村が存続しているのに、なぜ日本では合併が必要なのか。県として調べてみたい」として、合併ありきではない道の模索を宣言していた。総務省のトップダウン的な施策を市町村に押し付けるのではなく、県が防波堤となろうとしたのだ。

そして翌十月、長野県と県内四町村（小布施町・泰阜村・坂城町・栄村）から成る「市町村自律研究チーム」が発足、四カ月後の〇三年二月十六日、市町村合併をしない道を探る「これからの『自治』を考えるシンポジウム」（長野県小布施町で開催）で研究成果が披露された。その内容は、合併しない場合の地方交付税減少を想定（最大三五％）、市町村の最大限の自助努力で穴埋めしつつ、特色ある地域づくりをする方策を探るというものだった。

例えば、北斎館と名産の栗を中心とした街づくりで年間一二〇万人が訪れるようになった小布施町の唐沢彦三町長は「地方交付税の減額で毎年約一億円の赤字となるが、職員数の削減や民間委託等で一億八〇〇〇万円の歳入出改革を行ない、財政的自立は可能」と報告した。

続いて過疎の山村である泰阜村の松島貞治村長は「山に生きると決めた人間として、合併では村人を幸せにできない。役場も学校も消えていく。最悪の場合では四億九〇〇〇万円の赤字で、職員を約三分の二にしても一億六〇〇〇万円の削減にすぎず、二〜三億円の赤字が残る」と厳しい村財政の現実を紹介、県側の抜本的対応を訴えた。これを受けて田中知事は、集落創生のための助成制度（二億円程度）などの支援を行なう考えを表明した。

シンポジウムには田中康夫知事もパネリストとして参加、「フランスではパリに六軒しかない三ツ星（評価が高い）のレストランが小さな村に沢山あり、国内外の観光客が訪れている。形さえ整えれば、滞りなく物事が進むという考えがおかしい。大きな地方自治体よりも地域の人間的な絆が大切」と疑問を呈した。小泉政権下で総務省が進める特例債のアメによる市町村合併路線と、長野県が模索する市町村の自助努力による行政改革路線——どちらが優れているのかは明白だろう。

市町村合併だけではない。民意に沿って公共事業を見直しつつ、環境に優しく雇用創出効果の大きい公共事業に転換しようとする田中県政と、諫早湾干拓や泡瀬干潟埋立や赤字路線建設（道路公団方式）をはじめとする問題のある公共事業を一切止めようとしない小泉政権とは雲泥の差がある。口先改革にとどまる小泉首相を尻目に、田中知事は改革断行のフロントランナーとして、はるか先を突き進んでいるのだ。

「土建国家から決別」（石原大臣）と宣言しながら、長年続いてきた公共事業推進の姿勢を変えない小泉政権は、土建政治構造から脱却できない自民党の延命装置にすぎないのだ。「客寄せパンダ」のような小泉首相にだまされてはいけない。

初出一覧

第一章　「迷走諫早湾　干拓に翻弄され続けた半世紀」(『月刊現代』〇二年三月号)
第二章　「九州新幹線　古賀誠が選挙区に新駅二つ誘導」(『週刊現代』〇二年十月十二日号)
第三章　「大豪邸も建設中　これが福岡『古賀誠王国』だ」(『週刊現代』〇二年十一月二十三日号)
　　　　「泡瀬干潟――沖縄市民の民意はどこに」(『世界』〇二年八月号)
第四章　「ケニアODA疑惑　鈴木宗男議員外務省君臨の動かぬ証拠!?」(『週刊金曜日』〇二年二月十五日号)
　　　　「鈴木宗男　あの銀行にもイチャモン恫喝!」(『週刊現代』〇二年二月二十三日号)
　　　　「官僚が恐怖体験　鈴木宗男が『コノヤロー、テメー、バカヤロー』」(『週刊現代』〇二年三月九日号)
　　　　「鈴木宗男叩きに終わらせてはならない」(『世界』〇二年四月号)
第五章　「トヨタのエゴプロジェクトと二〇〇五年愛知万博(上、下)」(『週刊金曜日』〇二年九月二十七日号、十月四日号)

第六章　「『高速料金』はどうしてこんなにバカ高いのか！」（『週刊現代』〇一年八月十八日号）
「青木幹雄研究1　仏経山トンネル疑惑」（『週刊金曜日』〇二年十二月二十日号）
第七章　「悪弊を温存し郵政公社『改革』の道は険し」（『月刊現代』〇三年五月号）
第八章　「青木幹雄研究2　工事費ピンハネ疑惑」（『週刊金曜日』〇三年一月十日号）
「青木幹雄研究3　アメとムチの恐怖政治の後継者」（『週刊金曜日』〇三年一月十七日号）
第九章　「車座集会で『県民益』実現に動く田中・長野県知事」（『週刊金曜日』〇〇年十二月二十二日号）
「自民党『脱公共事業』の真実」（『世界』〇一年十二月号）
「長野県知事選　県議の利権潰しを県民が支持」（『週刊金曜日』〇二年九月六日号）
「ダムを止めた、高規格道路を止めた」（『週刊金曜日』〇三年四月四日号）

〈著者略歴〉

横田　一（よこた　はじめ）

1957年山口県生まれ。東京工業大学卒。雑誌の編集を手伝いながら、環境問題などを取材。1988年、奄美大島宇検村の入植グループを右翼が襲撃した事件を描いた「漂流者たちの楽園」で、1990年ノンフィクション朝日ジャーナル大賞受賞。現在のテーマは、政官業の癒着、公共事業見直し、国会議員（特に族議員）ウォッチングなど。

主なリポートや著書に、「政治改革の仮面を剥ぐ」（『月刊金曜日』1993年10月）、「農水省構造改善局の研究」（『世界』1994年2月）、「埼玉ゼネコン県政の病巣を斬る」（『週刊金曜日』1997年1月）、「迷走諫早湾　干拓に翻弄され続けた半世紀」（『月刊現代』2002年3月号）、「九州新幹線　古賀誠が選挙区に新駅2つ誘導」（『週刊現代』2002年10月12日号）、『政治が歪める公共事業』（共著）、『どうする旧国鉄債務』、『所沢ダイオキシン報道』（以上、緑風出版）、『テレビと政治』（すずさわ書店）などがある。

E-mail：hyokota@alles.or.jp

暴走《ぼうそう》を続《つづ》ける公共事業《こうきょうじぎょう》

2003年10月31日　初版第1刷発行　　定価1700円＋税

著　者　横田　一
発行者　高須次郎
発行所　緑風出版
〒113-0033　東京都文京区本郷2-17-5　ツイン壱岐坂
［電話］03-3812-9420　［FAX］03-3812-7262
［E-mail］info@ryokufu.com
［郵便振替］00100-9-30776
［URL］http://www.ryokufu.com/

装　幀　堀内朝彦
写　植　R 企 画
印　刷　モリモト印刷　巣鴨美術印刷
製　本　トキワ製本所
用　紙　大宝紙業　E2000

ISBN4-8461-0312-9　C0036

◎緑風出版の本

▨全国のどの書店でもご購入いただけます。
▨店頭にない場合は、なるべく最寄りの書店を通じてご注文ください。
▨表示価格には消費税が転嫁されます。

政治が歪める公共事業
――小沢一郎ゼネコン政治の構造
久慈力・横田一共著
四六判並製 二一六頁 1900円
政・官・業の癒着によって際限なくつくられる無用の〝公共事業〟が、列島の貴重な自然を破壊し、国民の血税をゼネコンに流し込んでいる！　本書はその黒幕としての〝改革者〟小沢一郎の行状をあますところなく明らかにする。

環境を破壊する公共事業
『週刊金曜日』編集部編
四六版並製 二八八頁 2200円
その利権誘導の構造、無用・無益の大規模開発を無検証に押し進めることで大きな問題となっている公共事業。本書は全国各地の現場から公共事業を取材、おもに環境破壊の視点から問題点をさぐり、その見直しを訴える。

どうする旧国鉄債務
横田一著
四六判並製 一九七頁 1800円
国民一人あたり二〇万円、総額二八兆円の旧国鉄債務。国鉄の分割・民営化から一〇年で一・七倍にも増えた国民の借金負担。本書は、処理法案によって国民へのツケ回しが目論まれている旧国鉄債務の原因と責任を徹底追及した告発書！

ダイオキシン汚染地帯
――所沢からの報告
横田一著
四六判並製 二〇四頁 1600円
全国一の汚染地帯となった東京のベッドタウン所沢市一帯。産廃業者のゴミ焼却が住民を襲い、流産・奇形児出産の多発、アトピー、喘息、ガン死の増加等、放置できない状態にある。本書は、所沢のダイオキシン汚染をルポし対策を提言。